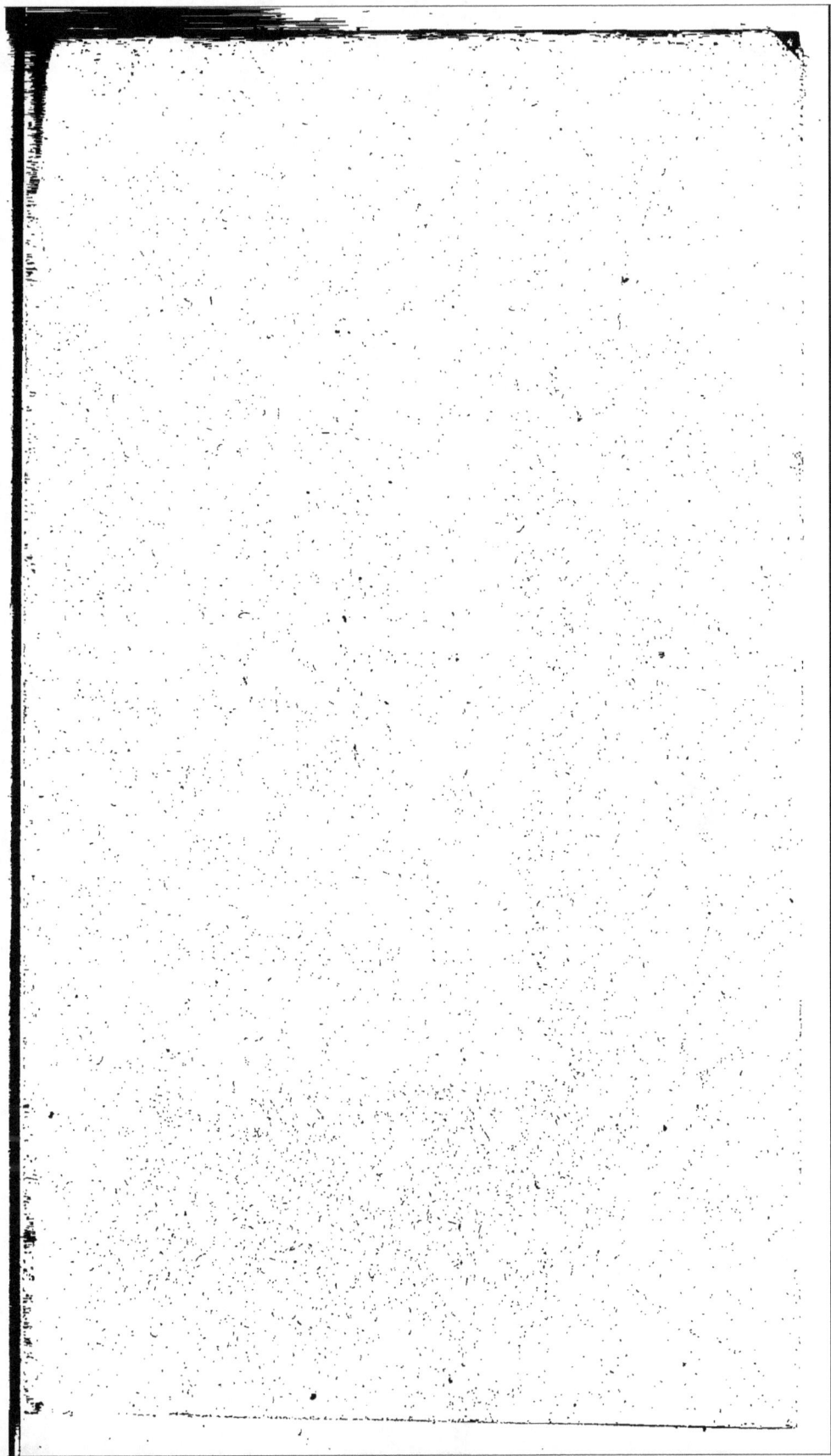

Bibliothèque Religieuse, Morale, Littéraire,

POUR L'ENFANCE ET LA JEUNESSE,

PUBLIÉE AVEC APPROBATION

DE Mgr L'ARCHEVÊQUE DE BORDEAUX,

DIRIGÉE

PAR M. L'ABBÉ ROUSIER.

LES

ŒUVRES DE DIEU.

MERVEILLES

DE LA CRÉATION,

PAR

Mme DE FLESSELLES.

LIBRAIRIE DES BONS LIVRES.

Paris

MARTIAL ARDANT FRÈRES

QUAI DES AUGUSTINS

25

Limoges, même Maison.

1853.

Lith. Lafon, Limoges.

LES MERVEILLES

DE

LA CRÉATION

MISES A LA PORTÉE DE LA JEUNESSE.

PAR Mme DE FLESSELLES.

LIBRAIRIE DES BONS LIVRES.

LIMOGES	PARIS
Chez Martial Ardant Frères	Chez Martial Ardant Frères
rue des Taules.	quai des Augustins, 25.

1853

AVANT-PROPOS.

Depuis longtemps on se plaint de la tendance que la jeunesse a souvent à s'occuper plus philosophiquement de tout ce qui frappe ses regards que d'apporter un juste tribut d'admiration à Dieu, l'auteur de tant de merveilles !

Bien convaincue de l'importance que peut avoir la direction imprimée aux premières idées, j'ai voulu essayer d'influencer utilement l'esprit de la jeunesse. J'ai senti que, pour la persuader, il fallait lui plaire ; car l'écueil ordinaire contre lequel viennent se briser toutes les instructions sérieuses, toutes les méthodes d'enseignement, d'ailleurs très estimables, c'est l'*ennui* qu'elles causent.

Il est un âge où le besoin de s'instruire l'emporte bien rarement sur celui de s'amuser; et cependant c'est précisément à cet âge où les notions, les idées, les connaissances s'incrustent, pour ainsi dire, dans la mémoire, et dirigent les opinions.

L'on sait que de nos opinions dérivent presque toutes les actions de notre vie.

C'est surtout en ramenant sans cesse, par la reconnaissance, l'homme naissant à Dieu, son auteur, que j'ai pensé pouvoir fortifier les opinions religieuses de cet âge si intéressant, où toutes les vertus se préparent pour l'âge mûr, et lui deviennent une pratique facile.

Si son esprit, nourri dès sa tendre jeunesse d'idées grandes et sublimes, lui fait juger avec justesse les rapports de la créature avec le Créateur, il rejettera sans doute avec dédain les fausses maximes d'un orgueil insensé, d'après lesquelles l'homme espère échapper à la juste dépendance qu'exerce sur lui le Dieu puissant dont il n'est qu'une faible émanation, et il deviendra bon et religieux.

Si j'ai déguisé la gravité de mes intentions sous une forme qui puisse *plaire* à ceux que j'ai le projet d'*instruire*, j'aurai atteint mon but; car, du moment où j'aurai réussi à les attacher en les amusant, les principes que je crois si important d'inculquer à la jeunesse pénétreront dans des cœurs et des esprits bien disposés à les recevoir. Ainsi qu'une douce rosée qui vivifie les plantes et les fleurs, ces principes influeront sur toute leur vie, et je pourrai m'abandonner à l'heureuse espérance d'avoir contribué à les rendre plus religieux et plus vertueux.

LES MERVEILLES

DE LA CRÉATION.

CHAPITRE PREMIER.

Dans un de ces beaux jours que ramène le printemps, M. de Lormeuil avait conduit à la promenade sa petite famille, composée de trois fils. Jouir d'une matinée délicieuse en prolongeant la course jusqu'au moment où l'appétit forcerait de s'arrêter, avait été le vœu unanime des trois enfants; et, partis à six heures du matin, il en était près de neuf lorsqu'on aperçut une jolie métairie où l'on devait naturellement espérer de trouver d'excellente crême. Le voisinage d'un bois épais laissait un vaste champ à l'espérance, ainsi qu'à la friandise, pour pouvoir y rencontrer des fraises bien parfumées, qui devaient donner presque autant de plaisir à les cueillir qu'à les manger.

Parfaitement d'accord sur les agréments que ce lieu offrait pour y déjeûner, on s'y arrêta.

Des trois fils de M. de Lormeuil, l'un s'appelait Auguste; il avait treize ans. Son caractère était aimable; mais il avait une présomption qui le conduisait à vouloir tout juger par lui-même; et comme les lumières d'un enfant n'ont pas encore été soutenues du flambeau de l'expérience, Auguste faisait de fréquentes bévues; chose qui arrive à celui qui, au risque de se tromper, ne consulte que lui seul.

Le second s'appelait Gustave, et avait onze ans. Vif, ardent, impétueux, il voulait tout voir, tout connaître; mais sa vivacité lui faisait souvent manquer le but qu'il se proposait d'atteindre; car il ne s'attachait qu'à la surface des choses, n'approfondissait rien, et s'égarait souvent dans ses idées surperficielles.

Le plus jeune, âgé de neuf ans, s'appelait Victor; il annonçait beaucoup de bon sens, un jugement réfléchi; il était doux et tellement attaché à son père, que ses avis ou ses décisions avaient pour lui la force des oracles.

Ces enfants avaient perdu leur mère dans un âge où ils n'étaient pas encore en état de sentir toute l'étendue d'une telle perte.

M. de Lormeuil était trop bon père pour risquer de donner à ses enfants une belle-mère qui aurait pu les rendre malheureux, et ne pas avoir pour eux la tendresse qu'il aurait désiré. Aussi sa tendresse lui avait fait renoncer à une place lucrative, mais dont les devoirs enchaînaient trop ses moments; et pour se consacrer plus entièrement à l'éducation religieuse de ses fils, il avait fixé son domicile dans une campagne charmante, où tout concourait à favoriser son plan.

Des talents agréables, des connaissances variées, une instruction solide, des principes sûrs, une grande piété, étaient les qualités que M. de Lormeuil possédait, et qui sont si essentielles à un bon instituteur. Aussi c'était plutôt comme un indulgent ami que comme un maître exigeant qu'il dirigeait les études de ses élèves, à qui il accordait toute la latitude possible pour lui faire les questions ou les observations qui devaient éclairer leur jeune intelligence; il y répondait toujours avec une patience et une complaisance admirables; et à cet égard Gustave usait largement de la permission qu'on lui avait donnée; la moindre chose lui fournissait l'occasion de dire une si grande quantité de paroles inutiles, qu'il fallait toute la patience de son père pour tolérer cette abondance de questions et y répondre.

Les enfants avaient couru dans le bois pendant que la fermière préparait un fromage bien gras, de la crême très fraîche, et du pain bis savoureux. Le résultat de leurs recherches fut un énorme panier de fraises, qui compléta les apprêts du déjeuner.

L'appétit était si grand, les mets qui devaient le satisfaire si exquis, que pendant longtemps le plaisir de manger tint en bride le plaisir de babiller. Mais lorsque le repas fut terminé, et que M. de Lormeuil proposa à sa joyeuse famille de choisir entre le plaisir d'aller se promener encore plus loin, ou de s'amuser sur une pelouse charmante, ombragée par deux beaux acacias, Auguste, qui se chargeait volontiers du soin des décisions, prononça d'un ton affirmatif que le soleil était trop chaud pour en affronter les rayons, et qu'il valait beaucoup mieux se rouler sur le gazon.

Ce vœu étant devenu celui de ses frères, dont il avait toujours l'art d'entraîner les suffrages, M. de Lormeuil y accéda; et tirant un livre de sa poche, dont il avait ordinairement le soin de se munir, il laissa ses enfants bondir sur l'herbe comme de jeunes chevreaux.

Le plaisir de jouer, courir et sauter fit place à la fatigue, et, se rapprochant de leur père, ils auraient bien voulu faire succéder à leurs jeux bruyants les plaisirs plus tranquilles de la conversation.

Comptant sur son indulgence et son inaltérable complaisance, Auguste, sachant bien qu'il ne pouvait exciter son humeur même en interrompant une lecture favorite, lui demanda quel était le livre qu'il lisait? — Mon ami, c'est une dissertation sur la création. — Et qu'est-ce qu'on a besoin d'écrire tant de volumes sur une chose que tout le monde sait? — Telle est la présomption de l'esprit humain, de ne pas vouloir s'en tenir à ce qu'il connaît, et d'aimer à fouiller dans l'origine des siècles, pour deviner ce qui lui paraît incertain. — Je trouve ces gens-là bien bêtes. — D'autres ne les jugent pas si sévèrement que toi, et leur accordent le titre de savants.

Mais, dit Victor, s'ils étaient savants, ils n'ignoreraient pas ce qu'ils cherchent à savoir? — Les connaissances que l'on peut acquérir sont si multipliées, les bornes de la vie si courtes, et l'intelligence des hommes si bornée, qu'il n'est pas étonnant qu'on emploie beaucoup de temps pour apprendre peu de chose.

Pour moi, dit Auguste, je ne serai pas si

fou que d'aller passer les jours et les nuits à pâlir sur les livres, et je trouve que j'en sais bien assez comme ça. — Tu te crois donc un grand docteur? — Je n'ai pas cette vanité, mais je dis... — Eh bien! mon ami, dis-moi, je te prie, qu'est-ce que le feu? — Le feu? mais c'est un élément. — Et qu'est-ce qu'un élément? — Il y en a quatre, le feu la terre, l'air et l'eau. — Je ne t'en demandais ni le nom, ni la quantité, mais la nature.

Auguste nep ut répondre à cette question si simple en apparence, et il avoua, en rougissant de dépit, qu'il ne s'était jamais occupé de cela.

Tu vois donc bien, mon ami, reprit M. de Lormeuil, que l'on peut s'occuper de connaî- l'origine des choses et leur nature, sans être taxé de folie. Mais je crois voir Gustave sourire d'un air moqueur à ce que nous venons de dire, et je serais vraiment curieux de savoir s'il pourrait répondre à la question que je faisais tout à l'heure. Sais-tu ce que c'est que le feu, Gustave? — Parbleu, mon papa, cela n'est pas difficile à dire; le feu est quelque chose qui brûle. — Tu me parles bien d'un *effet*, mais tu ne me réponds pas sur la *cause*. — Mais, papa, je dirai comme Auguste, que c'est un élément.

A mon tour, interrompit Victor; je suis le

plus petit, je devais parler le dernier. Mais il me semble qu'au lieu de nous renvoyer la balle, comme dans la fable du *Poulet rouge* et du *rouge Poulet*, nous ferions bien mieux de prier papa de vouloir bien nous expliquer ce que nous ne savons pas, au lieu de nous obstiner à vouloir parler d'une chose que nous ignorons, ou que nous ne comprenons pas. Aussi bien, il y a longtemps que j'avais l'envie de demander pourquoi ce nom d'*élément* avait un emploi si étendu, et pourquoi l'on parlait toujours de *la puissance des éléments*, de *la fureur des éléments*, etc., etc. Comme je vois qu'Auguste et Gustave n'en savent pas plus que que moi à cet égard, je demande à papa de nous l'apprendre.

Je le veux bien, répondit M. de Lormeuil, et si, dans ce que je vous dirai, il y a des choses que vous ne comprenez pas et qui ne vous paraissent pas claires, arrêtez-moi sur-le-champ, et demandez-moi des explications jusqu'à ce qu'il n'y ait plus rien d'obscur pour votre intelligence.

Comme Auguste, malgré sa présomption, était bien forcé de convenir qu'il avait été pris en défaut, et que, malgré le peu d'importance qu'il disait apporter à remonter aux *causes*, il était fort aise de ne pas passer pour un ignorant, il souscrivit à ce que Victor avait demandé ; il apporta, ainsi que ses frères, une oreille très attentive à ce que son père allait dire, afin de pouvoir répondre une autre fois aux questions qui lui seraient adressées.

CHAPITRE II.

Je n'ai pas besoin de vous répéter, mes enfants, dit M. de Lormueil, ce que vous savez aussi bien que moi, savoir : qu'il y a quatre éléments : la *terre*, le *feu*, l'*air* et l'*eau*.

On les nomme *éléments*, parce qu'ils entrent dans la composition de tout ce qui existe, et que rien dans la nature ne pourrait exister sans l'un d'eux; leur concours mutuel étant indispensable pour maintenir l'existence de ce vaste univers. En parcourant ensemble les nombreuses propriétés des éléments, vous verrez que ce concours admirable, ces étonnants rapports, cette harmonie parfaite, ne peuvent être que le chef-d'œuvre d'un créateur aussi bon que puissant, aussi sage que prévoyant.

En commençant par la *terre*, nous verrons un élément qui nous soutient, puisque si nos pas n'avaient point d'appui, nous ne pourrions conserver notre équilibre; car, n'ayant point d'*ailes* pour nous soutenir dans l'*air*, ni de *nageoires* pour fendre les *eaux*, il a fallu une *base* pour appuyer l'édifice mobile que le bonté de Dieu venait de créer. La *terre* a donc remplacé le *chaos*.

Elle nous nourrit, puisque ses sucs fécondent les arbres, les plantes, les fleurs, qui tous y prennent racine. Que de productions variées ne recèle-t-elle pas son sein? Ce premier élément fournit à l'existence de tous les êtres animés; tout ce qui flatte nos sens, soit par la saveur des fruits, l'odeur si embaumée des fleurs, est à la *terre*; mais il est facile de connaître que, dans cet empire si vaste et si riche, tout a été créé pour l'*homme*, qui en a été fait comme le *vice-roi* de la Divinité.

Les arbres nous fournissent un ombrage délicieux; les productions de la terre alimentent les jouissances de notre sensualité; les troupeaux, qui lui doivent leur nourriture, fournissent leurs toisons brillantes, que l'industrie métamorphose en vêtements chauds et moelleux, pour garantir l'homme de la rigueur des hivers.

Dans les entrailles de la terre, on trouve ces marbres précieux avec lesquels la *sculpture* transmet à la postérité les noms et les actions glorieuses des grands hommes; les pierres étincelantes qui ornent les diadèmes; ces métaux si utiles avec lesquels l'homme est parvenu à opérer tant de prodiges; ces minéraux si variés, qui contribuent à la richesse des contrées qui les recèlent.

Ces innombrables familles d'*animaux*, de *végétaux*, de *minéraux*, ne prouvent-elles pas la puissance et la richesse de cet élément qui les contient ou les alimente? Eh bien! mes enfants, voyons-le isolé des autres éléments, et sa puissance ainsi que ses richesses s'écrouleront tout-à-coup.

Si le feu vivifiant du soleil n'échauffe pas de ses rayons les arbres, les fleurs et les plantes, ils n'auront ni force, ni odeur, ni saveur: languissant sans croître et sans produire, leur création deviendrait inutile; et, comme l'Etre de toute perfection ne pouvait rien créer d'inutile, il ne l'a pas fait.

Voyons encore cette *terre*, que nous admirions tout-à-l'heure, privée d'*eau*. Quel spectacle aride nous présenterait-elle? Les semences qu'on lui aurait confiées ne germeraient point; la rare végétation qui pourrait la couvrir se déssècherait promptement; jamais ces tapis moelleux qu'un gazon toujours vert nous présente n'existeraient; ces suaves émanations qui flattent si agréablement notre odorat ne pourraient avoir lieu, puisque les fleurs ne pourraient plus entr'ouvrir leurs calices embaumés; elles seraient desséchées avant d'avoir pu éclore. Voilà donc deux autres éléments absolument indispensables pour fertiliser la terre.

Nous allons voir que le concours de l'*air* ne lui est pas moins nécessaire. Avez-vous remarqué, mes enfants, combien dans les temps d'orages vous respirez difficilement? combien les animaux mêmes paraissent accablés? c'est que, n'aspirant pas l'air avec l'abondance qui est nécessaire à la vie, sa privation devient un principe de mort.

Cette privation produit le même effet sur les *végétaux* que sur les *animaux*. Ainsi les productions de la terre, qui tirent par leurs racines les sucs nourriciers qui les alimentent, reçoivent en grande partie leur accroissement de l'*air*, qui favorise le développement de leurs *tiges*, de leurs *branches*, de leurs *feuilles* et de leurs *fleurs*.

Sans l'action bienfaisante de l'*air* tout resterait en stagnation, et n'obtiendrait aucun développement.

Ce rapide examen du rapport qui existe entre les éléments suffira, je l'espère, pour vous faire apprécier toute la puissance, toute la sagesse de Dieu qui les a créés. Voyons maintenant ce que c'est que l'élément du *feu*, objet premier de notre conversation.

Le *feu*, qui réunit des propriétés bien distinctes, *éclaire*, *vivifie*, et *détruit*. Dieu, dans sa puissance infinie, créa l'élément du *feu*, qui devait non-seulement *vivifier* tout ce qui tient à la végétation, mais produire la *lumière* et *éclairer* l'univers. Et ici, mes enfants, admirons cet étonnant effet d'une création divine. Le *soleil*, cet astre lumineux, paraît; il dissipe les ténèbres, et produit la lumière, sans laquelle l'homme ne pourrait jouir d'aucune des merveilles qui embellissent la terre. Ce globe magnifique contribue donc non-seulement à féconder la terre, mais il l'embellit. C'est lui qui nous fait jouir, deux fois par jour, de l'imposant spectacle de son *lever* et de son *coucher*. Vous en avez joui plus d'une fois, mes enfants, et vous conviendrez sans peine qu'il n'y a point de décorateur assez habile pour rendre avec vérité ces flots de pourpre et d'or qui annoncent la présence du flambeau de l'univers, ou qui puisse imiter ces configurations variées, ces nuages bizarres, ces nuances de toutes teintes, dans lesquelles disparaît en se jouant l'astre du jour, pour faire place à la clarté plus douce et moins éblouissante de l'astre des nuits.

Mais, interrompit Victor, est-ce que c'est la chaleur du soleil qui a cuit les artichauds que nous avons mangés hier, et qui doit rôtir les pigeons que nous mangerons aujourd'hui? — Non, mon ami; et remarquez combien l'ordre établi par le Créateur est admirable; car, si la chaleur du soleil ne se bornait pas à être lumineuse et vivifiante, elle serait *communicative*, embraserait les forêts et tous les combustibles qu'elle pourrait atteindre, et bientôt l'univers ne serait qu'un vaste incendie. Il y a donc un autre *feu* qui existe en *principe* dans tous les corps; ce feu ne devient visible et ne se développe que par la volonté de l'homme et pour son utilité; c'est avec lui qu'on a trouvé l'art d'utiliser les métaux; c'est par lui qu'on prépare les aliments qui doivent servir à notre nourriture; nous lui devons la douce chaleur qui nous garnatit dans nos appartements du froid de l'hiver; mais la sagesse du Créateur a renfermé cet élément dangereux dans des corps qui ne le communiquent et ne le laissent échapper que d'après la volonté de l'homme. Remarquez encore que ce feu ne peut subsister et conserver sa durée qu'en l'alimentant avec avec des matières *combustibles*, c'est-à-dire qui s'enflamment facilement.

Ma foi, dit Auguste, si j'avais été le bon Dieu, il me semble que j'aurais mieux aimé envoyer sur la terre les aliments tout préparés, les métaux tout forgés, les glaces toutes fondues, et les bains tout chauffés. — C'est-à-dire que tu n'aurais pas laissé à l'homme ses plus belles attributions, puisque son génie n'aurait eu aucun intérêt à prendre l'essor.

Ces inventions, dues à l'intelligence humaine, ces découvertes si ingénieuses, ces arts si sublimes, dont les merveilles étonnent et forcent à l'admiration, tout cela n'existerait pas, puisque l'homme, engourdi dans sa molle oisiveté, ne serait resté qu'une machine que nulle impression généreuse n'aurait animé ; et alors de combien de chefs-d'œuvre n'aurions-nous pas été privés ?

Mais, papa, dit Gustave, à quoi servent les volcans ? c'est encore du feu, cela ? — Mon ami, lorsque Dieu, par sa volonté toute puissante, tira du chaos ce vaste univers, il a établi dans le cours des astres, dans le renouvellement des saisons, dans l'alternative des jours et des nuits, un ordre immuable ; mais il a établi dans la nature des *causes secondes*, qui semblent destinées à varier l'uniformité de ce grand assemblage : c'est par leurs combinaisons, multipliées à l'infini, que dans différents points du globe se trouvent ces montagnes couvertes de neiges éternelles, ces rochers sourcilleux qui servent de barrières aux flots de l'Océan, ces monts qui recèlent dans leurs flancs une plus grande quantité de matières inflammables, qui se sont mises en fusion par le frottement d'autres causes qui nous sont inconnues, et qui s'échappent de temps en temps, avec un grand fracas, de leurs spacieux réservoirs, venant menacer, par leurs dangereuses éruptions, les hommes téméraires ou imprévoyants qui ont osé braver un si dangereux voisinage en y fixant leurs habitations.

L'homme audacieux oserait-il demander compte à Dieu de tous les prodiges *émanés* de sa puissance? Son intelligence a des bornes, sa curiosité doit en avoir aussi, et s'arrêter où elle ne peut plus *comprendre*.

Il est reconnu que les volcans sont des amas de *soufre*, de *bitume* et autres matières combustibles, contenues dans les entrailles de la terre; quelques causes sur lesquelles les savants ne sont pas d'accord les ont embarrassés. Mais l'action du feu étant trop puissante pour être toujours comprimée, il s'est frayé un passage à travers les montagnes qui le recèlent.

Mais, ajouta encore Gustave, comment ces montagnes, qui contiennent dans leurs flancs tant de matières combustibles, peuvent-elles en conserver encore? Il me semble qu'une fois allumées, elles auraient dû brûler jusqu'à ce qu'elles fussent tout-à-fait consumées? — Ton objection embarrasserait peut-être plus d'un savant, mon ami. Mais comme sur des sujets aussi inconnus on ne peut établir que des *systèmes*, c'est-à-dire des conjectures qui offrent plus ou moins de probabilités, il est présumable que ces foyers éternels se renouvellent d'eux-mêmes, comme les pierres dans la carrière, les métaux dans les mines, les forêts qui se reproduisent après que l'on en a coupé la surface. Il paraît que ce n'est que dans quelques points du globe, heureusement très rares, que ces volcans, tels que le *Vésuve*, l'*Etna* et l'*Hécla*, ont bravé la succession des siècles; car dans beaucoup d'autres endroits on trouve des vestiges de petits volcans éteints; en France, l'Auvergne et le Dauphiné sont les deux provinces qui paraissent en avoir eu davantage. Ah! dit Victor, que je n'aimerais guère habiter dans ces provinces! j'aurais toujours peur que ces volcans ne vinssent à se rallumer : eh ! cela doit faire un effet épouvantable ! — Presque toujours les éruptions de volcans sont précédées ou suivies de tremblements de terre. — Si vous vouliez nous raconter, mon papa, quelque histoire là-dessus. — Je le veux bien, et je n'aurai pas besoin d'aller puiser dans des époques bien reculées, car, en 1755, il y eut un tremblement de terre à *Lisbonne,* capitale du Portugal, qui détruisit cette ville de fond en comble. L'horreur de la destruction se multipliait sous toutes les formes, car les malheureux habitants, voyant leurs maisons s'écrouler, cherchèrent un abri dans les campagnes, et au moment où ils se croyaient en sûreté, la terre trembla de nouveau, s'entr'ouvrit sous leurs pas, et beaucoup furent enterrés vivants; d'autres, réservés à des supplices plus cruels qu'une mort prompte, ne furent ensevelis qu'à moitié. — Ce devait être un spectacle affreux que de voir ces infortunés ne pouvoir se débarrasser des entraves qui les retenaient prisonniers dans les entrailles de la terre, souffrir sans pouvoir les satisfaire, tous les besoins nécessaires au soutien de l'existence, comme la faim, la soif! — Pendant ce temps, la ville de Lisbonne offrit l'image de la plus horrible destruction; les édifices renversés, les habitants écrasés, dont une partie conservait encore la faculté de souffrir, faisaient retentir les échos de leurs cris lamentables; le feu ajoutait ses ravages à l'horreur de cette catastrophe; car, ayant pris aux bâtiments écroulés, il n'y avait personne pour l'éteindre, et l'embrasement devint bientôt général. Le peu d'habitants qui échappèrent à ce désastre ne trouvaient plus de moyens pour se nourrir. Privés de leurs familles, de leurs asiles, de leurs moyens d'existence, ils contemplaient d'un œil farouche ces ruines fumantes, ces membres épars et encore palpitants. Ils n'osaient se réjouir d'avoir conservé la vie, puisque désormais elle ne pouvait être empreinte que des plus déplorables souvenirs.

Dans le nombre de ces familles désolées, on en cite une qui connut, dans vingt-quatre heures, tout ce que l'adversité peut réunir de calamités sur la tête d'un mortel.

Le jour où arriva le tremblement de terre était fixé pour célébrer le mariage d'un jeune Anglais, éperdument amoureux d'une Portugaise qu'il avait eu beaucoup de peine à obtenir de ses parents. Tous les préparatifs qui pouvaient rendre la cérémonie plus magnifique et plus solennelle étaient faits; le futur, comblé de joie de pouvoir appeler dans quelques heures son épouse celle à qui il avait voué toute son affection, venait de se rendre auprès d'elle pour la conduire à l'autel.

L'air était embrasé et chargé des plus sombres nuages ; mais M. *Brown* (c'était le nom de l'Anglais) n'avait jamais trouvé le ciel plus brillant que le jour qui devait éclairer son union avec sa chère Isabella ; tous les parents et amis étaient réunis dans le salon où la fiancée, parée des plus riches vêtements, donnait la main à son père, qui devait la conduire à l'église.

Le cortége suivait l'heureux couple, et les saints mystères, célébrés à l'intention des deux époux, devaient attirer sur eux les bénédictions du Très-Haut.

Les paroles sacramentelles étaient prononcées ; le consentement mutuel des époux venait de les enchaîner irrévocablement l'un à l'autre ; la bénédiction nuptiale allait terminer la cérémonie, lorsqu'un mugissement sourd et épouvantable vint glacer d'effroi tous les assistants, et arrêter sur les lèvres du prêtre les dernières paroles qu'il avait à prononcer. La voûte du temple craque avec un bruit horrible; les tombes qui recouvraient les cercueils se soulèvent, et semblent vouloir rendre à la lumière du jour les victimes que la mort leur a confiées ; mais, hélas ! ce n'est que pour en engloutir de nouvelles ; et soudain les colonnes qui soutiennent le temple s'écroulent et entraînent dans leur chute la voûte de l'église. Fixées par la stupeur sur le sol qui s'entr'ouvre sous leurs pieds, les personnes qui composent la noce sont ou écrasées ou englouties. M. Brown a vu disparaître dans les souterrains entr'ouverts l'épouse que son amour et son désespoir allaient l'engager à suivre ; mais sa volonté était enchaînée, et un bloc de marbre tombé à ses pieds le renverse mourant entre deux *fûts* de colonnes, qui compriment avec violence ses membres déjà meurtris. Dans le nombre des gémissements qui frappent son oreille, il croit distinguer la voix de sa chère Isabelle ; elle implore son secours ; il lui répond par d'impuissants efforts ; en vain il veut s'arracher de l'étroite prison où il est comprimé dans tous les sens ; chaque mouvement ne fait qu'accroître la violence de ses tourments, et des hurlements de rage signalent ses souffrances et ses regrets.

Petit à petit, les cris d'Isabelle diminuent de force ; son époux croit deviner les dernières convulsions de son agonie ; elles retombent sur son cœur, et lui font connaître tout ce que la douleur morale peut avoir de plus poignant.

Il entend les cris de détresse et de désespoir des malheureux Portugais qui fuient dans la campagne.

Le bruit sourd de la commotion générale,

le fracas que font les édifices en s'écroulant, les gémissements des victimes atteintes par leurs débris, rien ne manqua à l'horreur de ce tableau. Mais, après vingt-quatre heures de bouleversement, le silence renaît : c'est celui de la mort, car il n'est interrompu par aucun signe d'existence; les ténèbres dont le soleil s'était voilé disparaissent, et quelques pâles rayons, en répandant une lumière incertaine sur les objets, leur prêtent mille formes fantastiques, faites pour effrayer l'imagination. Brown cherche à deviner toutes les possibilités, il n'en trouve que d'effrayantes; et, malgré le désespoir qu'il éprouve, malgré les douleurs cuisantes qui lui font souffrir mille supplices, il commence à éprouver un tourment nouveau et insurmontable : la faim.

Incapable de soulever les colonnes qui l'écrasent de leur poids, il a besoin d'un secours étranger pour le délivrer de la torture qu'il subit, et aucuns pas ne se font entendre, aucun mouvement ne l'avertit qu'il n'est pas le seul être vivant. Les tristes réflexions qu'il fait sur la félicité dont il allait jouir, et qui lui a échappé d'une manière si cruelle, étouffent encore, pendant quelques heures, l'impérieux ascendant du besoin physique, mais elles ne peuvent en anéantir totalement l'impression, et bientôt il se renouvelle avec plus de force :

ses entrailles sont desséchées; son gosier altéré aurait besoin d'une goutte d'eau!...... et il n'a que la ressource de ses larmes pour l'humecter.

Trois jours se sont déjà écoulés dans ces angoisses terribles. Si du moins il pouvait mourir! mais non; la violence de la douleur ne lui prouve que trop combien les ressorts de sa vie ont encore de force : il faudra donc qu'il expire dans les tourments de la plus effroyable agonie? qu'il aspire la mort, pour ainsi dire, goutte à goutte?

Dans l'événement qui venait de faire tant de victimes en quelques heures, M. Brown ne s'était occupé que de ses regrets, ses souffrances ou son désespoir. Tout-à-coup une pensée nouvelle se présente à son imagination : c'est dans un temple consacré à Dieu, où son bonheur allait se réaliser, et où s'est effectué son supplice. S'il invoquait ce Dieu puissant, qui daigne si souvent, dans sa bonté, accueillir la prière du malheureux! Mon Dieu, s'écrie-t-il en levant ses yeux mourants vers la voûte céleste; mon Dieu! prenez pitié des tourments que j'endure, ou daignez les abréger par une mort prompte, si votre volonté s'oppose à ce que j'existe.

Soudain cette courte prière, prononcée avec l'accent de la ferveur et de la confiance, fait descendre dans le sein de l'infortuné un rayon d'espérance. La résignation lui donne la force de souffrir; la piété lui fait regarder ses souffrances comme l'expiation des fautes qu'il a pu commettre. Sa pensée se détache des objets terrestres ; ce n'est plus que l'éternité dans laquelle elle plonge un avenir embelli par les récompenses célestes qui se déroule à ses yeux ; il ramène le calme dans son âme, et un sommeil réparateur est la suite de cet instant de calme, dû à une confiance et une soumission parfaite aux ordres de la Divinité.

Lorsque M. Brown se réveilla, il était excessivement faible, et sa tête éprouvait des vertiges comme quand on va mourir. Son regard errait sur tous les objets environnants, sans pouvoir en distinguer aucun; cependant il lui sembla voir quelque chose se mouvoir à peu de distance de lui, et, réunissant le peu de force qui lui restait, il laissa échapper un faible cri cet appel, d'un être souffrant à l'humanité de ses semblables est entendu, et un malheureux nègre, échappé au désastre général, s'approche de l'endroit où le cri s'est fait entendre. Il voit avec horreur la situation du malheureux Anglais, mais il ne peut l'en arracher tout seul, car ses forces sont insuffisantes pour soulever les colonnes; cependant il commence à soulager le besoin le plus impérieux, en lui glissant dans la bouche quelques gorgées de vin, dont il avait sur lui une petite bouteille. Ce secours ramène un peu les forces de M. Brown, qui supplie le nègre de ne pas l'abandonner, et qui en obtient la promesse, que, dans peu d'heures, il reviendra avec deux de ses compagnons le secourir d'une manière plus efficace.

Combien l'attente parut longue à cet infortuné! Mais, lorsqu'il sentait le désespoir s'emparer de sa pensée, il recourait bien vite à la prière, et son courage se ranimait.

Enfin il vit trois nègres venir auprès de lui, et sa bouche allait leur exprimer de son mieux toute la reconnaissance qu'il leur témoignerait pour l'important service qu'ils allaient lui rendre, lorsqu'un des nègres l'interrompit.

Point vouloir de récompense, mais bien une promesse. — Eh! laquelle, mes amis? — C'est que papa blanc ne sera pas mauvais pour pauvres noirs qui vont le délivrer, et qu'il ne les rendra pas ses esclaves. — Que Dieu me préserve d'avoir une telle pensée! — Eh bien! jure par le grand bon Dieu. — Je le jure! — Nous contents à présent, et allons te déprisonner.

Ces trois nègres, en réunissant leurs efforts, eurent encore bien de la peine à déranger les colonnes; mais cependant, à force de soins, ils en vinrent à bout.

M. Brown, qui avait éprouvé des douleurs horribles, croyait ne les devoir qu'à la violente compression de ses membres; mais lorsqu'il voulut se redresser sur les jambes, il s'aperçut avec un nouveau chagrin qu'il avait un bras et une jambe cassés. Nouvel embarras; car où trouver quelqu'un de l'art pour remédier à ces fractures? et comment trouver un asile, puisque la presque totalité des maisons était renversée? De ce nombre était l'habitation que M. Brown occupait.

Les nègres ne laissèrent pas imparfait le service qu'ils venaient de rendre; et portant avec précaution le pauvre blessé, ils le déposèrent dans un hôtel superbe qui paraissait avoir très peu souffert du tremblement de terre. Cet hôtel était ouvert au premier occupant, car ni maîtres ni domestiques ne se faisaient apercevoir.

Des meubles somptueux annonçaient l'opulence de leurs propriétaires, et les nègres placèrent l'Anglais dans un lit moelleux; et, craignant de ne pas trouver de chirurgiens, l'un des trois, qui avait quelques connaissances et beaucoup d'intelligence, entreprit de remettre les fractures, et il y réussit.

Malgré que l'argent parût devoir être une

assez faible ressource dans un moment de désolation générale, M. Brown fut fort aise d'avoir sur lui une bourse assez bien garnie, qu'il mit à la disposition des nègres pour lui avoir des aliments et ce qui pouvait lui être nécessaire, ainsi qu'à eux.

Attachés à cet Anglais par le service qu'ils venaient de lui rendre, ils lui témoignèrent un dévouement sans bornes et firent preuve d'une intelligence qui fut d'autant plus précieuse qu'il n'était pas en état de s'aider dans la moindre chose.

Il y avait trois jours qu'il était dans l'asile que les nègres lui avait trouvé, lorsque les propriétaires de l'hôtel, qui ne l'avaient quitté que pour aller à la campagne, revinrent à Lisbonne. Le seigneur don Ramire, à qui il appartenait, fut assez surpris de trouver installé dans le lit qu'il occupait lui-même un étranger; mais l'humanité et le malheur ont bientôt établi des liens puissants entre tous les les hommes, et don Ramire était trop vertueux pour les méconnaître. Aussi il continua à faire donner à M. Brown tous les secours que son état exigeait.

Lorsqu'une heureuse convalescence lui eut rendu la faculté de pouvoir retourner dans son pays, il quitta cette terre de désolation pour se rendre en Angleterre, où il emmena les trois nègres ses libérateurs, auxquels il avait proposé de s'attacher à lui, ou de les renvoyer, à ses frais, dans leur patrie.

Ils préfèrent le premier parti, et le servirent librement avec un zèle, un attachement si dévoué, qu'il récompensa leur constance et leur dévouement par le don d'une somme assez considérable pour les faire jouir des douceurs de la plus parfaite indépendance.

M. Brown avait fait faire des recherches, qui furent inutiles, dans les décombres de l'église, pour retrouver les restes de celle qu'il avait si tendrement aimée, et leur donner une honorable sépulture. N'ayant pu réussir à les reconnaître, lorsqu'il fut de retour dans sa patrie, il éleva un monument à la mémoire de sa chère Isabelle, qu'il pleura le reste de sa vie.

Mon Dieu! Mon Dieu! dit Victor en faisant un gros soupir, quel élément que la terre! — Remarque, mon ami, que c'est l'air qu'il faut accuser de tous les désastres; car c'est sa force trop comprimée qui produisait ces secousses violentes, ces écartements terribles, où des précipices s'entr'ouvraient sous les pas des humains. — Les volcans doivent être encore bien plus terribles? — Leurs aspect est sans doute imposant; mais les ouvertures par lesquelles ils lancent des flammes avertissent au moins du danger de s'en approcher. Ces ouvertures se nomment *cratères*, et lorsque les matières combustibles bouillonnent, et sont trop considérables pour être contenues dans les flancs de la montagne, elles s'élancent avec impétuosité par le *cratère*, et retombent par torrents sur toutes les campagnes environnantes, qu'elles dévastent, en les couvrant de *lave* et de *cendres*. — Sans doute qu'on place les habitations bien au loin, car on s'exposerait à être brûlé? — Cela devrait être, et cependant, telle est l'insouciance des hommes, qu'à peine une éruption du *Vésuve* a enseveli sous ses cendres les habitations placées dans son dangereux voisinage, que de nouveaux imprudents viennent s'exposer aux mêmes dangers.

Moi, j'aime mieux l'*eau*, dit Auguste; au moins avec elle on ne craint pas de pareils malheurs!

S'ils ne sont pas de même nature, répondit M. de Lormeuil, ils n'en sont pas moins dangereux; car on n'a rien à opposer aux inondations qui submergent quelquefois des contrées entières. — Eh bien, il ne fallait pas faire cet élément! — Tu raisonnes bien comme un enfant, en ne t'arrêtant qu'aux inconvénients, sans rendre grâce à Dieu des avantages. Voyons combien l'*eau* mérite le nom *d'élément*.

Avec quoi te désaltérerais-tu si elle n'existait pas? — Pour cela, il manque bien d'autres choses ; et du bon lait!... — Halte là, mon savant docteur ; crois-tu que si les vaches n'avaient pas à boire, elles te donneraient du lait? Et puis remarque bien que les fleurs, les plantes, ont le même besoin d'eau que les êtres animés ; et que, si elles étaient privées des douces rosées ou des pluies rafraîchissantes, elles languiraient et finiraient par se dessécher. Lorsqu'en été les chaleurs sont si fatigantes, qu'est-ce qui vient les tempérer? La pluie. Dans la préparation des aliments, l'eau n'est-elle pas nécessaire? Les bains, si salutaires à la santé, en entretenant la propreté, ne se prennent-ils pas avec de l'eau? Le voisinage des rivières, des fontaines, ne fournit-il pas de grands avantages?

C'est bien drôle, dit Gustave, que le feu et l'eau se trouvent ensemble dans les entrailles de la terre! ils devraient se combattre, puisqu'ils sont d'une nature si opposée; car les *sources* se trouvent dans la terre, n'est-ce pas, mon papa? — Sans doute, et fais bien attention qu'il y a des sources qui participent de la nature des matières sur lesquelles elles passent. Telles sont celles qui produisent des eaux *minérales*, si utiles pour guérir bien des maladies. Il y en a qui sont si chaudes qu'elles brûlent en y mettant la main. — Vous vous moquez de moi en me disant cela, mon papa ; car, si cela était, on n'aurait pas besoin de faire cuire les aliments avec du feu ; on n'aurait qu'à mettre le bouilli dans une marmite pleine de cette eau merveilleuse et rare, la soupe se trouverait faite. — Mais, mon ami, ces eaux n'ont autant de chaleur qu'à leur source, et, si on les en tire, elles prennent le degré de température que l'air leur donne. — A quoi faut-il donc attribuer cette chaleur? — A ce qu'elles passent sur des matières combustibles, telles que le soufre, le nitre; et ces matières, qui fermentent, et sont déjà mises en fusion par l'action du feu élémentaire, communiquent leur chaleur à l'eau qui passe dans leur voisinage.

Je vois bien, dit Victor, que le moins important des éléments c'est l'*air*. — Tu te trompes aussi, mon cher ami, reprit M. de Lormeuil, car l'air a une influence bien directe sur la végétation, ainsi que sur l'économie animale. Calculons combien il est indispensable, dans l'ordre établi par le Créateur, et, quoiqu'il échappe à l'œil, il n'en est pas moins important.

C'est l'*air* qui nous fait respirer; cela est tellement prouvé que, si l'on place un animal quelconque sous une machine appelée *pneu-*

matique, et dont tout le mécanisme consiste à empêcher qu'il s'y insinue la moindre particule d'air, le pauvre animal est privé totalement de la vie au bout de quelques minutes. Si, le voyant près d'expirer, on lui rend, avec précaution, la possibilité de respirer, il se ranime par degré, et revient à la vie.

Non-seulement les êtres animés éprouvent le besoin d'air pour vivre, mais tout ce qui végète a le même besoin.

Mon papa, interrompit Victor, qu'est-ce que végéter? — C'est tout ce qui tient à la terre, s'y nourrit, y trouve son accroissement.

Les plantes, les fleurs, les arbres, les racines, végètent parce qu'elles meurent, se renouvellent par leurs graines, et se succèdent les unes aux autres par un prodige continuel.

L'*air* a encore de grandes attributions : c'est lui qui soutient les nuages et les empêche de nous écraser, en disséminant l'eau dont ils sont composés, et la réduisant en pluie ; c'est encore lui qui accélère la marche des vaisseaux, en déployant les voiles qui les entraînent avec rapidité vers leur destination.

Pour cela, dit Gustave, voilà de belles prérogatives ; mais l'*air* devrait bien s'en tenir là, et ne pas souffler ces tempêtes affreuses qui renversent les maisons, déracinent les arbres, couchent les blés, font faire naufrage aux vaisseaux. — Ce que tu dis, mon ami, rentre dans ce que j'expliquais tout à l'heure, que Dieu a établi les grandes masses de l'univers, en a coordonné l'ensemble, et a laissé aux *causes secondes* la direction des détails.

A propos, dit Victor, vous avez oublié de nous parler de ces voyageurs aériens qui prétendent se diriger dans l'*air* avec leurs ballons, comme s'ils étaient sur une grande route dans une bonne voiture. — Jusqu'à présent ils n'ont pas réussi, et plus d'un de ces voyageurs audacieux a payé de sa vie la témérité de ses prétentions. Il y a même peu d'années qu'une dame, appelée *Blanchard*, qui passait pour une des plus intrépides *aéronautes*, tomba, dans son voyage aérien, sur le toit d'une maison, à la vue des nombreux spectateurs dont elle venait d'intéresser les plaisirs, et fut brisée sur le pavé, sans qu'on eût pu trouver un moyen de prévoir ou d'empêcher sa chute.

Pour moi, dit Auguste, je trouve bien ridicule que des femmes aillent s'exposer à de pareils risques. N'est-ce pas, mon papa, que les occupations dangereuses ne doivent pas être pratiquées par les dames? — Je suis assez de ton avis, surtout lorsqu'il n'y a aucune nécessité. — Un homme, à la bonne heure; cela montre qu'on a du courage; et j'aimerais assez monter dans un ballon; je suis sûr que je n'aurais pas peur. — Je ne souhaite pas te voir exposé à une pareille épreuve, et peut-être t'en tirerais-tu moins bien que tu ne le penses. — Bah ! mon papa, je n'ai jamais peur. — Non; témoin le jour où le maçon qui raccommodait le toit de la maison te fit monter sur son échelle, et ne voulut pas te donner la main lorsque tu fus au dernier échelon. Tu fis alors des cris épouvantables. — C'est que la tête me tournait. — Eh! crois-tu qu'elle ne te tournerait pas si tu étais dans la nacelle d'un ballon? la vraie sagesse est de ne pas s'exposer à un danger dont on ne connaît pas le résultat; et, si la nécessité y a conduit, il faut conserver assez de sang-froid pour y opposer tous les préservatifs possibles.

Mais voyons encore d'autres bienfaits dus à l'élément dont nous parlions tout à l'heure. C'est lui qui fait tourner les moulins qui fournissent à notre nourriture; il tempère les grandes chaleurs de l'été, et nous les rend plus supportables. Vous avez sans doute remarqué quelquefois que, quand il doit y avoir des orages, à peine on peut respirer; les animaux mêmes semblent être soumis à cette triste influence; ils bêlent, mugissent, et expriment chacun à leur manière combien ils souffrent par la pesanteur de l'élément qui fournit à peine dans ce moment au besoin de la respiration. Sans la coopération de l'*air*, toutes les créatures animées cesseraient d'exister; c'est donc à bien juste titre qu'on lui a accordé le nom d'élément.

Papa, dit Gustave, cet élément est moins beau que les autres, car il échappe à nos sens, puisqu'on ne peut ni le voir, ni le toucher, quoique on en sente l'impression. — On peut cependant l'*enfermer*, le *comprimer*, le *décomposer*. — Comment cela, puisqu'on ne peut pas le saisir? — Voilà l'avantage que donnent les sciences; elles font découvrir les moyens d'utiliser tout ce qui existe dans la nature, et d'expliquer ce qui, sans elle, nous paraît incompréhensible; mais ces découvertes n'ont eu lieu qu'après d'immenses recherches. Par le moyen d'une de ces sciences, appelée *chimie*, on est venu à bout de *décomposer* l'air, de lui donner de la *fixité*, et de le faire entrer dans les moyens que la médecine emploie pour guérir. — Je voudrais bien savoir comment tout cela s'opère. — Si tu conserves le même désir lorsque tu seras plus grand et que tu auras fait des études suivies, que tu te seras particulièrement attaché à approfondir quelques sciences, tu pourras trouver dans la *physique* et la *chimie* une grande variété d'amusements; mais pour faire toutes ces expériences, il faut des machines, des appareils coûteux qui ne sont pas faits pour votre âge; d'ailleurs ils ne serviraient à rien, puisque vous n'avez pas les connaissances qui sont nécessaires pour s'en servir.

Je n'ai que dix ans, dit Victor, et il me faudra attendre bien longtemps pour apprendre toutes ces belles choses; c'est bien dommage, car le plus grand plaisir que je pourrais éprouver serait d'être *savant* : je le préférerais àêtre *missionnaire*. M. de Lormeuil sourit à l'enthousiasme de son fils en faveur de la science, et, reprenant son instruction, il continua à parler des *éléments*.

Récapitulons, dit-il, ce que je n'ai fait que vous expliquer d'une manière bien succincte, mais assez cependant pour en donner une légère idée. Les quatre *éléments* sont des corps *primitifs* qui entrent dans la composition de tout ce qui existe; c'est pourquoi ils ont acquis le nom d'élément; et par leurs différentes combinaisons, on en a tiré ces combinaisons variées que la nature nous présente à l'infini.

Papa, dit Auguste, pourrait-on réunir les quatre éléments d'une manière visible? — Sons doute; et les *physiciens* ont accompli ton idée par une invention que l'on nomme *fiole élémentaire*. C'est un vase qui contient les matières propres à représenter les quatre *éléments*. Ces matières sont tellement différentes en poids et en figure, que, quand on les mêle par une violente agitation, on voit, pour un peu de temps, un véritable chaos; mais, lorsqu'on cesse d'agiter ces substances, chacune retourne au poste qui lui est assigné. — Oh! que cela doit être drôle, de voir ainsi les quatre *éléments* danser dans une bouteille!

Nous conviendrons donc que la *terre* est le plus solide des éléments, mais qu'il ne produirait rien sans le concours des autres;

Que l'*eau* est un corps sans couleur, transparent, inodore, qui a la propriété de mouiller tout ce qu'il touche, parce qu'il est ordinairement *fluide;* je dis *ordinairement,* parce que, lorsque l'eau est *glacée*, elle a perdu sa fluidité.

Et alors je ne vous parle que de l'*eau* simple, telle que celle des rivières, des fontaines, des puits; car je vous ai légèrement parlé des eaux *composées* ou *minérales*, qui prennent leurs qualités des matières sur lesquelles elles passent.

Le *feu* est regardé comme le principe de la *lumière* et de la chaleur; il peut donner l'un et l'autre en même temps, et produire l'un des deux effets sans être la cause du second; c'est-à-dire que le feu peut donner de la lumière sans chaleur, et de la chaleur sans lumière. Le feu est dans la composition de tous les corps, et les hommes, pour l'approprier à leurs besoins, ont inventé les moyens de le faire paraître soit par le choc ou le frottement des corps durs, ou le mélange de certaines liqueurs; des miroirs qui réunissent plus facilement, par leur forme, les rayons du soleil, sont encore un des moyens que l'industrie des hommes a imaginé pour commander, en quelque manière, à cet élément.

Lorsque le feu est caché dans les corps, il y est paisible et dans une sorte d'inertie; mais, s'il agit visiblement, il consume et dévore tout ce qu'il atteint et qui a des qualités *combustibles,* c'est-à-dire qui s'embrase facilement, comme le bois, la tourbe, les corps gras; mais remarquez aussi que, pour pour faciliter l'action du *feu*, il faut le concours de l'*air*.

L'*air* est aussi un *fluide* mobile, inodore, sans couleur, et transparent au point d'être invisible. Nous l'*aspirons* et le *respirons* continuellement; il n'affecte point nos sens, excepté le *toucher;* il est répandu autour de nous jusqu'à une certaine hauteur que l'on évalue de dix-huit à vingt lieues. C'est un des agents les plus considérables et les plus universels qu'il y ait dans la nature, tant pour la conservation de la vie des animaux que pour la production d'une infinité de petits phénomènes qui existent. Mais si l'air a des qualités vivifiantes pour tout ce qui est organisé, par un second bienfait de la Providence, il en a de destructives et d'absorbantes pour les corps désorganisés.

Vous venez de voir quels effets merveilleux résultent de l'harmonie des éléments; ils ont tous un besoin mutuel les uns des autres. La *terre* serait stérile sans l'*eau*, l'*eau* perdrait sa fluidité si le *feu* l'abandonnait, et sans l'*air* le *feu* ne pourrait conserver son action.

C'est aussi l'air qui nous transmet les *sons*; s'il n'existait pas, l'*ouïe* serait un organe inutile; les semences demeureraient dans le sein de la terre sans se développer; sans lui, point d'existence sensitive.

Mais en voilà bien assez sur des objets dont un plus grand développement serait au-dessus de votre intelligence; je crains même d'avoir trop prolongé cet entretien.

Oh! non, mon papa, je vous assure, dit Victor, en sautant au cou de son père : je suis le plus jeune, et sans doute celui dont l'intelligence est la moins avancée; eh bien! j'ai pris beaucoup de plaisir à vous écouter; cela fait que je pourrai entendre au moins parler de ces choses avec intérêt, et les comprendre, au lieu que j'aurais été honteux de ne pouvoir pas répondre à une question aussi simple que celle de demander : qu'est-ce qu'un élément? Il y a bien des choses qui m'embarrassent souvent, quoique en apparence elles soient toutes simples, et je trouve si amusant tout ce qui tient à l'histoire naturelle, que, si vous aviez la bonté de nous donner quelques explications sur les merveilles qu'elle renferme, vous *nous* rendriez bien heureux; je dis *nous*, car je suis bien sûr que mes frères pensent comme moi.

Auguste et Gustave ayant donné leur approbation à ce que venait de dire Victor, M. de Lormeuil accéda au désir de ses enfants, et il fut convenu que, pendant toute la belle saison, on consacrerait deux jours de la semaine à parler des objets sur lesquels ils paraissaient curieux de s'instruire.

Ce sera un moyen, ajouta M. de Lormeuil, de vous pénétrer, mes enfants, de la reconnaissance que l'homme doit à Dieu; car, en approfondissant toutes les merveilles dont il a enrichi l'homme, toutes les jouissances qu'il a mises à sa disposition, tous les trésors dont il l'a rendu maître, qui pourrait être assez ingrat pour ne pas rendre à un si généreux bienfaiteur le juste tribut d'hommages que l'on doit encore plus à sa bonté qu'à sa puissance?

Comme l'heure était avancée, la petite famille, qui avait employé son temps si agréablement, reprit gaîment le chemin de la maison, non sans disserter pendant le trajet sur tout ce qu'elle rencontrait, et qui avait quelque rapport avec ce que M. de Lormeuil venait de lui dire. Ce bon père eut la satisfaction de voir que, sans fatiguer ni ennuyer ses enfants, il en avait été parfaitement compris.

CHAPITRE III.

VICTOR, qui avait moins de présomption qu'Auguste, et plus le désir de s'instruire que Gustave, fut le premier à rappeler à son papa la promesse qu'il avait faite quelques jours auparavant. Se prêtant avec complaisance à cette demande, qui le flattait intérieurement, parce qu'il y voyait le désir de s'instruire, il prit avec ses enfants le chemin d'une prairie charmante, traversée par un ruisseau limpide, garni sur ses bords de deux rangs de saules. La fraîcheur du gazon, les agréments du lieu, inspirèrent d'abord le désir d'y courir et de s'y amuser, en se livrant à différents jeux de leur âge. Mais, quoique Victor se fût laissé entraîner au plaisir de sauter et de courir, il ne perdait pas de vue le but principal de la promenade; et, s'asseyant aux pieds de son papa, il lui rappela d'un ton caressant la promesse qu'il avait faite précédemment à ses enfants.

Mes bons amis, dit M. de Lormeuil à Auguste et à Gustave, qui avaient suivi l'exemple de Victor, je n'ai que l'embarras du choix dans les sujets dont je voudrais vous entretenir; la puissance de Dieu a tellement multiplié les merveilles de la création que, presque toutes ayant un égal degré d'intérêt, on ne sait par où commencer, et j'ai bien envie de m'en rapporter à vos désirs pour savoir quel est le sujet que nous voulons traiter aujourd'hui. Surtout, si j'ai manqué mon but, et qu'au lieu de vous amuser je ne cause à votre intelligence que de la fatigue, dites-le moi avec cette franchise que je vous permets.

Eh bien! Auguste, tu es l'aîné, dis ton avis le premier. De quoi voulons-nous causer aujourd'hui? — Une chose m'a quelquefois étonné; c'est d'entendre parler souvent des *règnes de la nature :* voulez-vous nous expliquer, mon papa, ce que cela veut dire? — Volontiers; mais comme aujourd'hui je suis à la discrétion de tes frères comme à la tienne, il faut bien que je les consulte. A toi, Gustave? — Moi, j'aimerais à connaître ce que je *suis*, et par conséquent je voudrais bien que vous nous entretinssiez de ce qu'est l'*homme*. — A merveille. Et à toi, mon Victor? — Oh! comme j'aimerais savoir comment viennent les plantes, et à quoi elles sont bonnes!

Eh bien! mes enfants, ce que vous me demandez séparément rentre dans la première question d'Auguste, car on a divisé toutes les productions de la nature en trois *règnes*, appelés ainsi pour mettre plus d'ordre dans les différentes classifications des objets qu'ils renferment. Le premier est appelé *règne animal*; il comprend tous les êtres animés qui respirent et ont du mouvement. Ainsi tu vois, Gustave, qu'en te parlant de ce *règne*, nous arriverons naturellement à parler de l'*homme*, puisque tu désires le connaître.

Le second *règne* s'appelle *végétal*; il comprend tout ce qui prend de l'accroissement, se développe, se reproduit par les racines qui sont dans la terre; les plantes, les fleurs, les arbres, sont compris dans cette nomenclature. Ainsi, mon Victor, lorsque nous en serons à cette partie, ta curiosité sera satisfaite, puisque nous aurons à parler d'une science appelée *botanique*, qui est précisément celle qui apprend à connaître les plantes et leurs propriétés.

Le troisième *règne*, appelé *minéral*, est celui qui comprend toutes les matières contenues dans les entrailles de la terre, comme les *métaux*, les *pierres*, les *marbres*, les *minéraux*, tels que le *soufre*, le *charbon de terre* ou *houille*, et une quantité d'autres objets dont la dénomination tiendra sa place lorsque nous en serons à ce règne.

En commençant la description rapide du règne animal, nous mettrons en tête l'*homme*, comme étant le roi de l'univers, car tout sert à nous démontrer que la bonté du Créateur l'a placé, par l'excellence de sa nature, bien au-dessus des autres espèces. La différence qui existe entre l'homme et les animaux est immense, puisque c'est un être qui *sent*, qui *pense*, *réfléchit*, *invente* et *travaille*. Aucun élément ne l'étonne ou l'effraie; aucun climat n'arrête ses pas; sa *volonté* sait franchir tous les obstacles, braver toutes les difficultés; il vit en société d'après les lois qu'il s'est faites; il est le seul des animaux qui se soutienne perpendiculairement sur ses deux jambes, et le seul aussi qui ne soit pas vêtu par la nature, comme si le Créateur avait compté sur l'intelligence dont il l'avait pourvu, afin qu'il pût donner l'essor à son industrie, et faire ces ingénieuses découvertes, ces inventions merveilleuses qui ont amené pour lui les recherches du luxe et les jouissances de tout ce qui devait le faire paraître d'une manière plus somptueuse, ou l'entourer de tout ce qui lui paraissait plus commode.

Sa suprématie sur les animaux est incontestable, puisqu'il est doué de la raison, et que l'animal brute est un être sans raison; aussi l'homme le plus stupide suffit pour conduire le plus fort et le plus spirituel des animaux. L'homme lui commande, le fait servir à son usage, et l'animal obéit.

Il y a une chose qui me fait de la peine, dit Gustave : c'est que les petits des animaux n'ont pas besoin qu'on leur apprenne à marcher, tandis que les enfants sont incapables de se remuer ou de pourvoir à leur subsistance pendant bien longtemps. — Ta remarque tendrait à accuser le Créateur d'avoir traité l'homme avec rigueur, tandis qu'il a fait tout pour lui. — Excepté qu'il n'aurait pas dû le faire venir au monde souffrant; car je me rappelle que, quand Victor naquit, pendant plus de trois semaines il ne fit que crier; je demandais ce qu'il avait; on me disait que c'était des coliques qui le tourmentaient ainsi; je n'ai jamais vu les petits chats que fait notre *Minette* tous les ans crier ainsi; au bout de quinze jours ils courent tout seuls : ils sont donc mieux traités que nous! — Ton argument n'est pas sans réplique, mon ami, car s'il y a des enfants qui souffrent, il y en a aussi beaucoup qui ne souffrent pas; cela tient au genre de nourriture que leurs nourrices prennent : les animaux ont, pour les guider dans ce choix, ce qu'on appelle l'*instinct*. Ce sentiment, qui naît avec eux, tend à leur conservation, les dirige dans la nourriture qui leur est propre. — Et pourquoi l'homme n'a-t-il pas le même instinct? — Tu vois que, tant que sa raison n'est pas développée, l'instinct le porte à saisir le sein de sa nourrice, et à en exprimer le lait qui doit lui conserver l'existence; si on lui présente une autre nourriture, il n'accepte que celle qui est en rapport avec la faiblesse de ses organes. Lorsque la raison l'éclaire, que sa *volonté* lui laisse la liberté de choisir, il en use à son gré : et pourrais-tu regretter qu'il fût doué du privilége de se diriger autrement que par une impulsion indépendante de sa volonté? C'est alors qu'il entre au contraire en possession de la plus belle de ses attributions. Quant à la durée de sa dépendance, dont ses besoins et sa faiblesse lui font une loi, elle est proportionnée à la durée de son existence; et puisqu'il t'a plu de prendre un petit chat pour point de comparaison, suivons cette comparaison de ton choix.

L'*animal* que tu me cites ne prolonge guère

sa vie au-delà de sept ou huit ans, tandis que celle de l'homme va quelquefois jusqu'à cent. Il n'y a aucune différence dans les époques de la vie des animaux ; tout se borne pour eux à naître, se reproduire et mourir ; l'existence de l'homme a au contraire quatre époques bien distinctes : l'*enfance*, où sa faiblesse et son inexpérience le rendent tributaire de tout ce qui l'entoure ; l'*adolescence*, époque où il semble s'*essayer* à vivre, où il commence à sentir toute la douceur des sentiments qui unissent les hommes, et font le charme de la société ; il peut apprécier les délices de l'amitié, les charmes de la confiance, l'intérêt qui est attaché à la bienfaisance, la douceur que procure la pratique d'une vertu ; c'est surtout à ce moment où s'établit cette ligne immense de démarcation qui sépare l'espèce humaine de toutes les autres espèces d'*animaux*; ce ne sont plus seulement ses *sensations* qui se développent, mais ses *sentiments*, ses *affections*, ses besoins immédiats ; cette faiblesse absolue, cette indépendance totale que tu regrettes pour la première enfance, sont cependant les causes qui établissent ces liens touchants, ces rapports si intimes, cette tendresse si vive qui existe entre une mère et ses enfants. Remarque que l'amour et la sollicitude des animaux disparaissent dès que leurs petits n'ont plus besoin d'eux ; il ne les reconnaissent seulement plus, et n'établissent aucune différence entre eux et tous les animaux de leur espèce ; les soins qu'ils en ont reçus, la sollicitude qui protégeait leur faiblesse, n'était donc qu'une suite de l'*instinct* qui tend à la conservation de l'espèce. Vois au contraire cette mère si dévouée, qui a consacré tant de nuits à son nourrisson malade : la peine qu'elle a prise pour lui n'a fait que développer davantage son amour maternel; c'est dans son premier sourire, dans sa première caresse, où elle trouvera la récompense de ses soins ; et lorsque le sentiment de la reconnaissance, plus développé, inspirera à l'enfant tout ce qu'il doit à sa mère ; lorsque les soins de l'instruction succéderont à ceux qu'elle prenait uniquement pour lui conserver la vie; que l'éducation viendra ajouter de nouveaux bienfaits à ceux qu'il a déjà reçus, crois-tu que cet échange de tendresse mutuelle ne signale pas d'une manière victorieuse la prééminence de l'homme sur la brute ?

L'*âge mur* arrive ensuite ; c'est celui où l'homme est arrivé à l'état de perfection physique et morale : il jouit à son tour du bonheur d'avoir une famille, et lui prodigue les mêmes soins qu'on lui prodigués.

La *vieillesse* arrive enfin ; elle rappelle à

l'homme, par l'affaiblissement progressif de ses forces, qu'il doit s'occuper du moment du départ, et que bientôt il retournera dans le sein de son Créateur trouver la récompense des vertus qu'il aura pratiquées sur la terre, ou recevoir la punition des mauvaises actions qu'il aura commises.

Le globe que l'homme habite est couvert des productions ou des ouvrages de son industrie; c'est lui qui met toute la terre en valeur; son attitude indique qu'il est roi de l'univers, car elle est celle du commandement; sa tête regarde le ciel, et présente une face auguste sur laquelle est empreint le cachet de sa dignité; l'excellence de sa nature perce à travers son enveloppe matérielle, et anime d'un feu divin les traits de son visage; ses pieds touchent à la terre, et l'équilibre parfait qui résulte de ses mouvements n'est pas un des moindres prodiges que nous ayons à admirer.

Si l'homme a la force et la majesté en partage, la femme n'a rien à regretter dans le lot qui lui est échu, puisque la Providence l'a richement dotée, en lui donnant pour apanage les grâces et la beauté.

Le règne *animal* se subdivise en beaucoup de classes desquelles font partie les *bipèdes*, ou animaux à deux pieds, tels que les *hommes* et les *oiseaux;* les *quadrupèdes*, ou animaux à quatre pieds ; les *poissons* qui vivent dans l'eau ; les *amphibies* qui vivent alternativement sur la terre et dans l'eau : ces animaux tiennent pour ainsi dire le milieu entre les poissons et les animaux terrestres, et ils participent de leurs différentes natures ; les *insectes* dont le nombre est infini, et qu'il me serait difficile de vous faire connaître en détail. Il me suffira de vous dire, pour vous en donner une légère idée, que les animaux classés parmi les *insectes* n'ont ni ossements, ni arêtes ; parmi les *insectes*, les uns ont des ailes, les autres n'en ont point ; plusieurs subissent différentes métamorphoses dans leur reproduction, tels que les *chenilles* qui deviennent *papillons*, les *mouches* qui produisent des *vers* ; il y en a qui sont si petits que pour les apercevoir il faut se servir d'un microscope. —Papa, demanda Victor, qu'est-ce qu'un microscope ? — C'est un instrument de physique où, par le moyen d'un verre qui grossit considérablement les objets, on peut en distinguer non-seulement l'ensemble, mais les analyser. As-tu remarqué les lunettes dont se sert la vieille Marie ? — Oui, papa ; elles font paraître grosses comme le petit doigt des lettres qui ne sont pas plus grosses que la tête d'une épingle. — Eh bien ! suppose que le verre du microscope grossit les objets vingt fois autant, et tu pourras en avoir une idée.

Il y a encore les animaux appelés *reptiles*, qui sont ceux qui rampent; le nombre de leurs pieds varie selon leur espèce; il y en a même qui n'en ont point, tels que les serpents. Les animaux se divisent encore en *ovipares* et *vivipares*, c'est-à-dire que les vivipares font leurs petits vivants; les *quadrupèdes* sont tous *vivipares*; les *ovipares* sont ceux qui se reproduisent par le moyen des *œufs*, et alors il leur faut encore un temps déterminé pour *couver* les œufs, les faire *éclore*, et leur communiquer la vie et le mouvement; les oiseaux, les insectes, les reptiles, les poissons, sont presque tous ovipares.

Mon papa, dit Auguste avec un air très satisfait de la remarque qu'il allait faire, l'*homme* est *vivipare*, et cependant il n'est pas quadrupède? — Tu ne te rappelles plus, mon ami, la première époque de ta vie, où tes mains secondaient tes pieds, qui n'avaient pas encore assez de force pour te soutenir. Lorsque tu allais à quatre pattes dans le salon, ne méritais-tu pas un peu le titre de *quadrupède?* — C'est vrai; mais à présent? — Aussi l'histoire de l'homme mériterait-elle une place à part; et, quand vous serez grands, je vous ferai lire, mes enfants, ce qu'un homme célèbre, qui a honoré sa patrie par un ouvrage immortel, a écrit à ce sujet; M. de *Buffon* a fait une *His-*

toire naturelle qui ne laisse rien à désirer à la curiosité, ainsi qu'à l'intérêt. — Que c'est donc désespérant, lorsqu'on a bien envie de savoir quelque chose, de s'entendre toujours dire : lorsque vous serez grands ! — Cependant, mon ami, c'est le seul moyen de *savoir* avec ordre, et par conséquent d'apprendre avec fruit. Ce que je vous dis à présent n'est que pour vous préparer à savoir davantage; tout a ses degrés dans l'instruction : et que dirais-tu d'un écolier qui apprendrait à écrire, et qui tourmenterait son maître pour faire des lettres en fin, avant d'avoir passé des mois à faire des *plains*, et écrire en gros? — C'est sans doute fort juste, mon papa; mais cela n'empêche pas que cela ne soit fort ennuyeux. Pour moi, dit Victor, je ne suis pas fâché d'attendre encore un peu; car il me semble que j'aurais bien de la peine à fourrer dans ma tête cette multitude de mots que je ne comprendrais pas du tout, si mon papa n'avait pas la bonté de nous en expliquer la signification.

Mais, dit Gustave, je voudrais bien savoir ce que c'est que des mots *techniques?* j'ai souvent entendu prononcer ce nom sans le comprendre. — Ce sont les mots qui sont uniquement relatifs aux sciences dont ils font partie, et l'on regarde comme une affectation de pédantisme ou de mauvais goût de les employer dans les conversations familières, lorsqu'elles ne roulent pas sur les sciences où ils deviennent nécessaires : par exemple, je viens de vous expliquer ce que c'était que les animaux *ovipares*, parce que nous parlons de détails qui concernent l'histoire naturelle; mais il serait complétement ridicule d'employer ce mot dans la dénomination simple des oiseaux, et l'on se moquerait de moi si, en offrant des œufs frais à un ami pour son déjeuner, j'allais lui dire que c'est un *ovipare* de ma basse-cour qui les a pondus : c'est donc un terme *technique* d'histoire naturelle que l'on n'emploie qu'en parlant de cette science.

Voilà sans doute, dit Victor, ce qui faisait tant rire aux dépens de la vieille mademoiselle Roger, un jour où elle semblait toute fière de son instruction; elle avait peut-être lu dans quelque livre savant le mot d'*atmosphère*, mais elle l'employait à toute minute; je ne la comprenais pas, mais je voyais bien qu'on se moquait d'elle, car il y avait un monsieur qui la pressait de questions, et cherchait à l'embarrasser, tandis que je voyais les autres personnes de la société rire à ses dépens. Qu'est-ce qu'elle voulait donc dire par ce mot, mon papa? — C'est un terme de *physique*, mon ami : on désigne généralement sous le nom d'*atmosphère* cette masse fluide et élastique, remplie de vapeurs et d'exhalaisons, qui environne le globe terrestre, et dont la terre est couverte partout à une hauteur considérable. C'est à cet *atmosphère* que nous devons les *aurores,* les *crépuscules* et les effets de lumière qui nous éclairent. Tu vois, mon ami, qu'il n'est guère à propos d'employer cette dénomination que quand ses rapports avec la physique l'exigent; et en général le langage le plus simple est toujours celui qui a le plus de grâce : ce sont ordinairement les ignorants qui se servent des termes peu usités, pour se donner un air d'importance; mais c'est une grande maladresse : car si, dans les sociétés où ils se trouvent, il se rencontre quelques vrais savants, ils résistent difficilement à la tentation de vérifier si l'*affiche* est fausse ou *réelle;* et alors l'*ignorance* est mise en évidence d'une manière d'autant plus désagréable pour l'*ignorant,* qu'il avait mis plus de prétention à paraître instruit.

Je voudrais bien connaître, papa, dit Gustave, les espèces d'animaux qui ont le plus d'intelligence? — Je ne sais, mon ami, si, pour satisfaire ta curiosité, je dois commencer par l'*éléphant* ou la *fourmi.* Car, quoique leur volume soit bien différent, il est étonnant combien ce petit animal, si chétif et si méprisé, a de droits à notre admiration, lorsqu'on veut prendre la peine de l'observer. — Que font-elles donc, mon papa? — Ces petits insectes établissent ordinairement leurs fourmilières dans un terrain sec et ferme, et ont l'attention de les placer toujours du côté échauffé par le soleil; l'entrée de cette habitation est un peu centrée en voûte, soutenue par des racines d'arbres, de plantes, ou des pailles allongées, qui empêchent en même temps l'eau d'y pénétrer : quelquefois il y a deux ou trois entrées pour une seule demeure; ces entrées conduisent à une cavité souterraine, enfoncée quelquefois d'un pied en terre, large, irrégulière en dedans. On sent qu'une pareille cavité, qui les met à l'abri des orages en été et des glaces de l'hiver, doit avoir coûté bien des soins et des travaux à d'aussi petits insectes : ils ne peuvent détacher à la fois qu'une très petite particule de terre, et l'emporter ensuite dehors, à l'aide de leurs mâchoires; aussi, pour suppléer par le nombre à ce qui leur manque de force, elles se réunissent en nombre prodigieux pour travailler, se partagent en deux bandes, dont l'une emporte la terre au dehors; l'autre se compose des fourmis qui rentrent pour travailler : par ce moyen, l'ouvrage ne souffre aucune interruption, et ces merveilleuses architectes travaillent sans s'incommoder ou s'embarrasser.

Qui ne pourrait admirer la puissance infinie du Créateur, qui a daigné renfermer tant d'intelligence dans un corps aussi petit?

Lorsque la fourmilière est creusée, les fourmis s'y retirent les soirs, et ce n'est qu'après leur travail qu'elles pensent à manger : jusque là, on les voit toutes occupées de leurs travaux : pas une ne porte de la nourriture à l'habitation; et ce n'est que quand leur ouvrage est fini qu'elles vont en quête; alors tout leur est bon, friandises ou pain, graines ou même insectes morts. Dès qu'elles ont rencontré quelque butin, elles l'emportent à la fourmilière, et en font part à leurs compagnes. C'est dans cette habitation, qui est en même temps la salle du festin et la salle d'assemblée, que l'on porte tous les vivres pour la consommation journalière; dans cette petite république, toutes les richesses sont mises en commun.

On voit ces insectes porter ou tirer des fardeaux beaucoup plus lourds qu'eux. Si le morceau est trop lourd, elles se mettent trois ou quatre après, ou elles le déchirent avec leurs mâchoires, et l'emportent pièce à pièce. Quand il y en a une qui a fait quelque bonne découverte, elle revient en toute hâte en faire part à ses compagnes, et l'on voit aussitôt toute la fourmilière sortir du domicile commun, et, se mettant en marche régulière, former une espèce de procession. Toutes vont l'une après l'autre prendre part au butin, en suivant les traces de celle qui est venue annoncer la bonne nouvelle, et qui leur sert de guide : elles reviennent dans le même ordre à la fourmilière, rapportant ce qu'elles ont trouvé, et formant une autre bande qui n'interrompt point la file de celles qui viennent. Si, dans la marche, quelqu'une vient à périr, d'autres emportent son corps au loin.

Toutes les fourmis d'une même république se connaissent ; amies entre elles, elles ne souffrent pas que des étrangères viennent participer à leurs bonnes fortunes ; et, si d'autres veulent empiéter sur leurs droits, chaque fourmi de la première cité rebrousse chemin, ou quelquefois le combat s'engage, et le parti le plus fort s'empare de ce qui a excité la querelle.

Les fourmis sont carnassières ; elles ne s'attachent pas seulement aux carcasses des insectes morts, mais si on jette dans une fourmilière une grenouille, un lézard ou un oiseau, et qu'on les retire au bout de quelques jours, on les trouve disséqués avec une grande perfection ; et c'est un moyen pour avoir les squelettes de ces petits animaux mieux préparés que par les plus habiles anatomistes.

Pendant la mauvaise saison, elles restent dans leur souterrain, où elles sont engourdies sans aucun mouvement; aussi, quoiqu'en ait dit le bon La Fontaine, elles ne font aucun amas pour l'hiver, car elles n'en ont pas besoin; mais, dès que les premières chaleurs arrivent, elles se mettent en mouvement, et débouchent les ouvertures des rameaux qui aboutissent à leurs retraites, sortent de ces demeures pour jouir de l'air dont elles sont privées depuis longtemps, et pour chercher des aliments.

Mais ce qu'il y a de plus singulier, c'est qu'elles semblent pratiquer entre elles des devoirs de politesse et de bonne intelligence. Quand elles se rencontrent dans leurs promenades, on voit souvent une fourmi en embrasser une autre, qui se replie entre ses serres et ses jambes de devant, sans que cela empêche la porteuse de marcher. Lorsqu'on les surprend ainsi, celle qui était portée par l'autre, et dont le dos semblait toucher la terre, se dégage; et, lorsqu'elles sont libres toutes deux, chacune reprend le chemin qui lui convient. Sur la Côte-d'Or, en Guinée, et dans les Indes orientales, on trouve des fourmilières au milieu des champs qui sont de la hauteur d'un homme, et enduites en dessus d'un mortier imperméable; elles en construisent encore de fort grandes sur des arbres très élevés; elles viennent quelquefois dans les habitations en troupes et en ordre de bataille. On distingue, à la tête de ces bataillons, trente ou quarante généraux d'armée; ce sont autant de chefs qui surpassent les autres en grosseur, et qui dirigent leur marche. Malheur alors à l'imprévoyance qui aurait pu oublier de mettre à l'abri de leurs attaques quelques provisions, car elles s'en emparent, et se retirent avec beaucoup d'ordre, en emportant leur butin.

Un jour, une armée de ces fourmis s'introduisit dans un château à la pointe du jour; l'avant-garde entra dans la chapelle, où quelques nègres étaient encore endormis sur le plancher; ils furent éveillés par les assaillantes, et, effrayés par leur nombre, quoique leur arrière-garde n'eût pas pénétré dans cette demeure, ils mirent une longue traînée de poudre sur le sentier que les fourmis avaient tracé, ainsi que dans tous endroits où elles commençaient à se disperser. On en fit sauter ainsi plusieurs milliers qui étaient dans la chapelle; l'arrière-garde, avertie du danger, fit tout-à-coup volte-face, et regagna son camp en toute hâte.

Les *rats*, et plusieurs autres animaux de la même grosseur, ne peuvent éviter les atteintes de ces fourmis; elles se jettent sur leurs corps, les accablent de blessures, et les entraînent ensuite où elles veulent.

On prétend même, mais ici je crois qu'on peut accuser d'un peu d'exagération les voyageurs qui racontent ces faits; on prétend, dis-je, que, dans une seule nuit, ces insectes redoutables sont capables de dévorer des chèvres et des moutons, dont il ne reste absolument que les os. Ces fourmis si redoutables sont blanches; elles font leurs fourmilières élevées, en forme de pyramides, unies et cimentées au-dehors; elles n'ont qu'une seule ouverture, qui se trouve à peu près au tiers de la pyramide; de là les fourmis descendent sous terre par une rampe circulaire. A *Surinam*, aux grandes Indes, les habitants voient arriver des armées de fourmis qu'ils appellent *visiteuses*; elles exterminent les rats, les souris, et autres animaux nuisibles; aussi, dès qu'on les voit paraître, on s'empresse d'ouvrir les coffres et les armoires, afin qu'elles puissent y pénétrer et détruire les souris. Leurs visites sont moins fréquentes qu'on le désirerait, car elles sont quelquefois trois ans sans reparaître. Si on les irrite par quelques contrariétés, elles se jettent sur les bas et les souliers des agresseurs, et les mettent en pièces. Ces *visiteuses* sont aussi utiles et aussi désirées que les armées de fourmis de *Guinée* sont redoutées. Si les fourmis d'*Europe* sont moins utiles, elles sont aussi moins cruelles envers les autres animaux. Cependant, en Suisse et en Prusse, on en tire un grand parti contre les *chenilles*, et voici comme on s'y prend : si un arbre est infecté de chenilles, on enduit le bas du tronc de *poix* molle, et l'on accroche au haut de l'arbre un sachet rempli de fourmis, auquel on laisse une ouverture par où elles peuvent passer; elles parcourent l'arbre aussitôt, mais elles ne peuvent l'abandonner, parce qu'elles sont arrêtées par la poix gluante; pressées par la faim, elles se jettent sur les chenilles, les dévorent, jusqu'à ce qu'il n'en reste pas une seule.

J'aurais encore beaucoup à vous dire, mes enfants, sur la différence des espèces, la multiplicité des merveilles qu'elles opèrent; et vous pouvez juger, par ce léger aperçu, sur un seul animal, si chétif et si petit, combien de volumes on doit avoir écrits sur les diverses espèces d'animaux qui composent le règne animal.

En effet, dit Auguste; mais c'est une étude qui doit être bien amusante; car s'il y a beaucoup d'animaux qui aient autant d'adresse et d'intelligence que les fourmis, leur histoire est vraiment curieuse. — Tous les animaux n'ont pas la même portion d'intelligence; mais parmi les animaux *domestiques*, c'est-à-dire ceux que l'homme a su soumettre, pour ses besoins, au joug de l'obéissance, combien ne voyons-nous pas de choses étonnantes dues à leur instinct, à leur attachement, au sentiment de la reconnaissance! Dans ce genre, le *chien* est l'animal qui fournit le plus fréquemment des anecdotes intéressantes. — Ah! mon papa, voulez-vous nous en raconter quelques-unes? — J'y consens : aussi bien cela animera un peu notre entretien, que vous avez peut-être trouvé trop sérieux.

Non, papa, dit Victor; et je vous assure que les *armées* de fourmis m'ont fort amusé, et que je ne manquerai pas, dès que je pourrai m'emparer d'une grenouille, de la fourrer dans une fourmilière : par ce moyen, je commencerai mon cabinet d'*anatomie*.

Nous allons parler un peu du *chien* qui, indépendamment de la beauté de sa forme, de sa vivacité, de sa force, de sa légèreté, a, par excellence, toutes les qualités qu'on pourrait appeler *morales*, et qui sont faites pour fixer les regards de l'homme, lui inspirer de l'attachement pour l'animal fidèle et dévoué qui le protége, au péril de sa vie, contre une dangereuse agression, dont la constante vigilance éloigne de lui les malfaiteurs et le préserve des attaques imprévues, dont la soumission sans bornes le rend docile à exécuter tout ce que lui prescrit son maître, dont les caresses touchantes l'avertissent qu'il a un ami sûr, zélé, que l'infortune n'éloignera jamais de lui, et dont l'attachement ne se démentira en aucune circonstance. Dans les différentes variétés qui composent cette espèce, le chien de *berger* n'offre pas l'extérieur le plus agréable; mais quelle adresse et quelle intelligence ne déploie-t-il pas pour maintenir dans l'ordre et la dépendance le troupeau qui lui est confié? avec quelle force et quelle vigilance il le garantit contre l'attaque des loups! Le chien *de chasse*, si précieux pour ceux qui se livrent souvent au plaisir de poursuivre le gibier, ne montre-t-il pas aussi combien il est jaloux de contribuer aux distractions qui font l'amusement de son maître? la finesse de son odorat, les ruses qu'il emploie pour suspendre la course du gibier, afin que son maître puisse l'atteindre plus facilement; sa fidélité à rapporter, sans l'endommager, le gibier qu'il est allé chercher; toutes ces manies, dis-je, n'annoncent-elles pas une sorte de raisonnement qui place le chien au-dessus de beaucoup d'autres animaux? La moindre caresse le récompense des soins qu'il a pris, des fatigues auxquelles il s'est livré : souvent même, si un excès de mauvaise humeur le repousse lorsqu'il flatte, le frappe, lorsque ses démonstrations caressantes importunent, il baise la main qui l'a frappé : l'humilité de son attitude, son regard suppliant, paraissent dire à l'homme : *Permets-moi de t'aimer.* Si une douce parole ou un sourire l'encouragent à donner des preuves de son affection, il saute, bondit, aboie d'une manière caressante ; tous ses mouvements annoncent la joie et le délire du contentement. Combien de fois n'a-t-on pas vu des malheureux ne pas se croire totalement à plaindre, parce qu'il leur restait un chien? car le premier besoin de l'homme est *d'être aimé ;* c'est dans ce sentiqu'il trouve une compensation à toutes les privations qui viennent l'assaillir.

Un monsieur et une dame avaient un très beau chien caniche, auquel ils tenaient beaucoup; ils avaient été se promener sans emmener avec eux *Médor,* qui était resté dans la même chambre où reposait un jeune enfant placé dans une bercelonnette. Pendant l'absence de ses maîtres, un très gros serpent s'était introduit dans la chambre où reposait cet enfant, et paraissait disposé à vouloir l'étouffer, en s'élançant sur le berceau; veillant sur le dépôt qui lui était confié, Médor s'élance sur le dangereux animal, et, lui faisant sentir sa dent acérée, le force à rétrograder dans son entreprise. Alors le combat s'engage corps à corps, et Médor finit par être vainqueur; mais le combat avait été sanglant, et la gueule du chien, empreinte du sang noir qu'il avait fait verser à son ennemi, attestait que la victoire avait été vigoureusement disputée. Pendant la bataille, le berceau de l'enfant s'était renversé sur lui, et semblait lui faire un rempart capable de le défendre contre une nouvelle attaque.

Lorsque le mari et la femme rentrèrent, ils furent bien étonnés de voir le berceau renversé, et de ne plus apercevoir l'enfant. Médor, glorieux d'avoir servi si utilement son maître, s'élançait contre lui pour le caresser, en poussant des hurlements de joie, qui furent interprêtés d'une manière bien différente, car le sang dont sa gueule était teinte fit présumer à son maître qu'il avait dévoré l'enfant.

Cédant à la fureur que cette persuasion lui inspirait, sans se donner le temps d'en approfondir la réalité, comme il tenait à sa main un gros bâton d'épines, il en déchargea sur la tête du chien, un grand coup et l'étendit expirant à ses pieds.

Le pauvre animal, si mal récompensé de l'important service qu'il venait de rendre, tourna une dernière fois vers son maître un regard languissant qui semblait lui reprocher toute son ingratitude. Mais, lorsque le berceau fut relevé et l'enfant trouvé parfaitement sain et sauf, et le serpent privé de vie dans un coin de la chambre, la vérité s'expliqua facilement. Le maître fit tous ses efforts pour rappeler *Médor* à la vie; mais le coup avait été porté d'une main trop assurée pour n'être pas mortel, et il n'eut qu'à déplorer les tristes effets de son injuste vengeance.

Mais, dit Auguste, je croyais, mon papa, que les serpents n'entraient pas dans les appartements, et qu'ils n'étaient pas assez gros pour faire des attaques aussi audacieuses.

Bah! l'on voit bien, dit Gustave d'un air moqueur, que tu n'as pas vu le serpent à sonnettes que l'on montrait sur le boulevard, lorsque je suis allé à Paris avec mon papa : tu aurais appris qu'il y a des serpents qui dévorent les hommes, et qui ont jusqu'à quinze et dix-huit pieds de long! — On voit bien que tu n'es encore qu'un enfant pour croire de pareilles bêtises! — Mais puisque je l'ai vu! — Tu avais affaire à quelque escamoteur adroit qui faisait mouvoir un mannequin. Je suis bien sûr que ton serpent est une fable pour attraper les gens crédules. — Voilà comme tu es, Auguste ; ce que tu ne sais pas, ce que tu ne connais pas, tu as toujours l'habitude de dire que cela ne peut pas être. — C'est que je ne me laisse pas attraper comme un nigaud. — Nigaud, toi-même ; mais demande plutôt à papa, et tu verras !

M. de Lormeuil, interpellé, eut bientôt terminé la querelle, en se rangeant du côté de Gustave. Mon ami, dit-il à Auguste, c'est une bien mauvaise méthode de vouloir *nier*, parce que l'on *ignore ;* en l'employant, on risquerait de ne jamais s'instruire.

Combien de choses qui existent, et qui cependant ne sont pas parvenues à votre connaissance, et n'y parviendront peut-être jamais ! ce serait donc une grande absurdité de nier leur existence.

Autant la crédulité stupide peut avoir d'inconvénient, autant le doute orgueilleux nous éloigne de la vérité ; et lorsqu'on la cherche de bonne foi, ce n'est pas à ses propres lumières qu'il faut s'en rapporter, mais on doit consulter celles des personnes éclairées.

Mais je dois répondre à l'objection d'Auguste.

Il est rare que les serpents s'insinuent dans les maisons ; mais cela s'est vu quelquefois, à la campagne surtout, où le voisinage des bois produit une fraîcheur qui les attire ; quant à leur grosseur, elle est bien loin, en France, d'égaler celle des serpents d'Amérique, dont quelques-uns ont jusqu'à vingt pieds, et sont de véritables monstres. Cependant on en a vu de cinq ou six pieds de long.

Comme ce monsieur dut être désolé, dit Victor, d'avoir sacrifié son pauvre chien ! — Cet exemple, mon bon ami, prouve que, en se livrant à une colère inconsidérée, on risque souvent d'être injuste, et qu'on s'apprête presque toujours des regrets. — Pauvre Médor, si ce malheur m'était arrivé, je lui aurais élevé un mausolée, et fait faire une épitaphe. — Ç'aurait été pousser un peu loin ton expiation ! — Mon papa, savez-vous encore quelque histoire sur les chiens ? celle que vous venez de nous dire m'a paru si touchante, que j'en ai presque pleuré. — Les traits de fidélité et d'attachement de ces animaux sont si nombreux, qu'il me sera bien facile de te satisfaire.

Un marchand avait été conduire du bétail à la foire, et il l'avait vendu si avantageusement que, dans la joie qu'il en ressentait, il revint à l'auberge avec son dernier acquéreur, commanda un bon souper; puis, recevant son payement, il l'enferma dans une bourse qui contenait déjà deux cents louis en or, ce qui avait excité la curiosité avide de deux autres hommes qui couchaient dans la même auberge, et qui étaient à table dans la même salle où le marchand buvait un peu plus largement qu'il n'aurait dû le faire. Lorsque le souper fut terminé, chacun alla se coucher dans le lit qui lui était préparé; et comme il arrive souvent dans les auberges de campagne qu'il couche plusieurs personnes dans la même chambre, le marchand se trouva dans celle où couchaient les deux hommes envieux de son trésor. La fumée du vin provoqua bientôt le sommeil du marchand; mais ceux qui avaient intention de le voler ne dormaient pas. Ils avaient remarqué que la bourse, objet de leur envie, avait été soigneusement entortillée dans la culotte du marchand, et cette culotte était posée sous son chevet. Comment l'en tirer? ç'avait été le sujet des réflexions des voleurs pendant plus d'une demi-heure. Enfin, le plus alerte se leva, et, tirant doucement la culotte, il y substitua la sienne, afin que si le marchand venait à s'éveiller, il pût croire que rien n'avait été dérangé. En possession de cette pièce importante, ils se levèrent tous deux, au point du jour, et se hâtèrent de sortir de l'auberge; mais au moment où celui qui avait mis la culotte dérobée voulut sortir le seuil de la porte, il en fut empêché par l'attaque d'un gros chien, qui avait commencé par le flairer d'une manière amicale, et qui ensuite s'opposa de toutes ses forces à sa sortie de l'auberge : en vain lui avait-il donné force coups de pied et même quelques coups de bâton, le chien n'en paraissait que plus acharné à le retenir ; il s'était même emparé avec ses dents du fond de la culotte qu'il tirait avec tant de force que le voleur, finissant par craindre pour sa peau, rentra dans la cour, et pria le valet de l'auberge, qui riait de son embarras, de le débarrasser de cet incommode agresseur.

On voulut d'abord le tenter, mais inutilement; et le maître de la maison étant venu au bruit que causait cette lutte, reconnut le chien comme pour appartenir au marchand qui dormait encore; et cette circonstance lui ayant inspiré quelques soupçons contre les deux individus qui prétendaient déloger si matin, il les fit entourer par ses gens, et monta auprès du marchand, qui se frottait les yeux et s'éveillait seulement; lorsqu'il voulut se lever et mettre sa culotte, il s'aperçut bien vite que ce n'était pas la sienne, et, pressentant la vérité, il ne prit pas la peine de se vêtir, et, suivant l'aubergiste en courant comme un fou, il criait tout le long de son chemin : *Ce n'est pas ma culotte! ce n'est pas ma culotte!* Il arriva dans cet état à la cour, théâtre du débat élevé entre son chien et le voleur. Tout déposait tellement contre ce dernier, que l'échange des culottes fut exécuté sans résistance, et le marchand ayant vérifié que sa bourse n'avait pas été ouverte, et que son or y était tel qu'il l'avait placé, il fit grâce aux voleurs de la vengeance qu'il aurait pu en tirer en les livrant à la justice, et il se contenta des huées dont ils furent couverts et des morsures que son chien leur avait faites. Ils raconta qu'il avait déjà dû bien des fois à ce chien, qui était son inséparable compagnon de voyage, de n'avoir pas été volé; mais ce jour, craignant de le perdre à la foire, s'il l'emmenait avec lui, il l'avait enfermé dans l'écurie et avait oublié de l'amener coucher dans sa chambre. Aussi docile que fidèle, l'intelligent animal n'était sorti de son exil qu'au moment où il avait été attiré par les émanations du vêtement de son maître; et, reconnaissant que ce n'était pas lui qui le portait, il avait défendu cette propriété avec toute la ferveur d'un serviteur dévoué.

C'est bien drôle, dit Gustave, que les chiens puissent sentir ainsi tout ce qui a appartenu à leur maître! D'où cela vient-il donc, mon papa? — De la finesse extrême qu'à chez eux le sens de l'odorat; il faut que cette finesse soit poussée à un degré bien éminent, surtout dans l'espèce des chiens appelée *caniche*, puisqu'il suffit que leur maître ait touché une pièce de monnaie pour qu'ils puissent la découvrir et la rapporter si on la cache.

Mais voilà des preuves d'intelligence et de dévouement; voyons à présent jusqu'où ils portent la sensibilité et l'attachement pour leurs maîtres.

Un jeune homme, à Paris, avait été *patiner* sur la rivière; il était suivit de son chien; dans un endroit où la glace n'était pas assez épaisse pour supporter le fardeau qui la faisait fléchir, elle se rompit sous les pieds du jeune homme, qui disparut dans le trou que son poids venait de creuser sous lui. Son chien essaya de se précipiter pour l'atteindre et le sauver; mais, n'ayant pu y réussir, il courut au rivage, où, par des cris lamentables, il semblait implorer le secours des mariniers, et les inviter à le suivre. Quelques-uns cédèrent à son invitation : il les conduisit auprès du trou où son maître avait disparu; par l'activité de ses mouvements, l'intelligence de ses démonstrations, il semblait vouloir diriger leurs recherches; mais tout fut inutile, et l'on ne put retrouver le corps du jeune homme. L'animal désespéré se coucha sur le bord du trou, et, par des hurlements lugubres, semblait exprimer les regrets que lui causait la perte de son maître. En vain on chercha à l'arracher de cette triste occupation, en employant tour à tour les caresses ou les menaces : on ne put parvenir à lui faire abandonner son poste; il refusa toute espèce de nourriture, et l'on fut contraint de le tuer sur cette place, de crainte qu'il ne devînt enragé.

Comme les hommes sont barbares, dit Gustave ! je ne sais pas pourquoi on prétend que les animaux n'ont point d'*âme*, car de tels exemples sont bien faits pour prouver le contraire.

Mon ami, répondit monsieur de Lormeuil, ton enthousiasme te conduit beaucoup trop loin, en permettant à la *brute* de marcher ton égale; et voilà ce que c'est que de parler sans réfléchir : car remarque bien que, de quelque intelligence que soient doués les animaux, ils ne peuvent en dépasser les limites. Depuis leur création, ils n'ont point augmenté en *instinct*, et tu oses les comparer à l'homme, qui a si fort agrandi le cercle de ses connaissances et de ses découvertes !..... L'*animal* obéit à l'impulsion secrète de *l'instinct* qui le dirige; l'*homme* raisonne, calcule, choisit; lorsque sa pensée l'élève jusqu'à son Créateur, ses conceptions deviennent sublimes, toutes ses actions sont empreintes des inspirations généreuses de la vertu.

Sa faiblesse l'empêche de vaincre ses passions; il cède à leur torrent, se dégrade, devient inférieur à la *brute* qu'il dépasse dans ses excès. Pourquoi, me diras-tu? parce que le Créateur a voulu lui laisser le mérite du choix, la délibération. L'*homme* n'est donc pas une *machine* ainsi que la *brute :* sa destination est plus élevée, son organisation bien plus parfaite...

Mais je m'aperçois, mes enfants, que j'aborde des pensées beaucoup trop abstraites pour vous, et qu'en voulant faire comprendre à Gustave la supériorité de l'homme sur les animaux, j'allais courir le danger de ne plus être compris par vous. Rappelez-vous seulement que le plus intelligent animal est à présent ce qu'il était aux siècles les plus reculés, qu'il est incapable d'*inventer,* d'*améliorer,* de *perfectionner,* et ne faites plus à l'*homme* l'injure de donner les mêmes bornes à son intelligence.

Victor avait un tel attrait pour tout ce qui tenait à l'histoire naturelle, qu'il ne s'était pas aperçu que trois heures s'étaient écoulées depuis que son papa avait commencé à expliquer les merveilles du règne animal; il fut donc tout déconcerté lorsque monsieur de Lormeuil se plaignit d'un mal de gorge occasionné par la fatigue d'avoir parlé si longtemps de suite. Satisfait de l'attention que lui avait prêtée son petit auditoire, il lui promit de raconter une autre fois l'histoire non moins intéressante du plus gros des quadrupèdes, de l'éléphant.

CHAPITRE IV.

Les enfants prenaient tant de goût à la connaissance très simple que M. de Lormeuil s'efforçait de mettre à leur portée, qu'ils lui rappelaient bien exactement le jour où il avait promis de leur apprendre quelque chose de nouveau.

Comme Victor n'avait jamais vu d'*éléphant*, M. de Lormeuil avait eu la complaisante attention d'acheter une gravure de cet animal, qui pouvait lui donner une idée de sa structure et de son volume.

Après s'être récrié sur ses formes lourdes et

gigantesques, avoir critiqué sa peau, dont la couleur est si peu agréable, trouvé qu'il ressemblait à une masse informe qui devait posséder une bien petite dose d'intelligence, ils furent bien surpris d'apprendre qu'il pouvait exiger avec justice qu'on lui accordât l'intelligence du *castor*, l'adresse du *singe*, le sentiment et la sensibilité du *chien*, et y ajouter ensuite les avantages particuliers de la *force*, de la *grandeur*, de la *longévité*, qu'il ne partage avec aucune autre espèce.

Ses armes, qui sont ses *défenses* ou *grandes dents*, peuvent vaincre et percer le lion ; ses pas supportent une masse si lourde qu'ils ébranlent la terre ; avec sa *trompe*, qui lui sert de *main*, il arrache les arbres ; et d'un coup de son corps, poussé avec violence, il peut faire *brèche* dans un mur.

Terrible par sa force, il est encore invincible par la seule résistance de sa masse, et par l'épaisseur du cuir qui le couvre : il peut porter sur son dos une *tour* armée en guerre et chargée de plusieurs hommes. Seul il fait mouvoir des machines, et transporte des fardeaux que six chevaux ne pourraient remuer. A cette force prodigieuse, il joint le courage, la prudence, le sang-froid et la docilité. Que d'avantages pour racheter le peu d'agrément de ses formes ! car, il faut l'avouer, son extérieur n'est pas séduisant. Son corps est gros et court, ses jambes roides et mal formées, ses pieds ronds et tortus, sa grosse tête, ses petits yeux, ses grandes oreilles, son cuir épais et plissé, sa *trompe*, organe admirable et particulier à l'éléphant, qui s'en sert avec autant d'adresse que de facilité; tels sont les détails d'un ensemble qui n'offre point d'agrément, mais qui est pour l'observateur un sujet très intéressant de réflexion.

La *trompe* est surtout sa partie la plus extraordinaire; elle est très longue, et l'animal l'allonge et la raccourcit à volonté : c'est une espèce de nez; charnue, nerveuse, creuse comme un tuyau, et très flexible dans tous les sens. L'extrémité de cette *trompe* s'élargit comme le haut d'un vase, et fait un rebord dont la partie de dessous est plus épaisse que les côtés. Ce rebord s'allonge par le dessus, et forme alors comme le bout d'un doigt; au fond de cette petite *tasse*, on aperçoit deux trous qui sont comme des *narines*. C'est par le moyen de ce *doigt*, qui est à l'extrémité de sa trompe, que l'éléphant fait tout ce qu'on peut faire avec la main. Ainsi la Providence a donné à chaque animal des moyens non-seulement de pourvoir à ses besoins, mais encore d'être utile à l'homme. Et quelle variété dans les combinaisons! quelle sagesse dans les moyens! quelle prévoyance dans les ressources qu'elle leur a fournies! Oser mettre sur le compte du *hasard*, mot vide de sens, une si grande réunion de merveilles, n'est-ce pas joindre la folie à l'ingratitude? Lorsque l'éléphant applique le rebord de sa trompe sur quelque objet, et qu'il retire en même temps son haleine, ce corps reste attaché à sa trompe et en suit les divers mouvements. C'est ainsi que cet animal enlève des choses très pesantes, et même des poids de deux cents livres. L'éléphant se trouve en *Asie* et en *Afrique*. Lorsqu'on le transporte en Europe par curiosité, il faut beaucoup de soin pour lui conserver la vie; tandis que, dans les pays où il est *indigène*, son existence se prolonge quelquefois au-delà de cent ans.

— Mon papa, demanda Victor, je voudrais bien savoir qu'est-ce que veut dire le mot indigène? — Il s'applique à tout ce qui naît dans un lieu ou un climat, naturellement, et sans y avoir été transplanté d'un autre pays : par exemple, on peut dire : l'arbre du *chêne* est *indigène* à la France, car il était l'objet de la vénération publique avant que la France fût chrétienne; donc il était né dans nos climats. Le *pêcher* était *indigène* en Perse, d'où il a été apporté en Europe depuis des siècles, et il y est devenu *indigène*. On nomme *exotiques* les plantes cultivées dans un pays où elles ne sont pas naturalisées. — Voulez-vous, papa, que nous revenions à nos éléphants? Volontiers.

Quand l'éléphant veut manger, il arrache l'herbe avec sa trompe, en fait de petits paquets qu'il porte ensuite à sa bouche. Sa trompe a tant de force, qu'il s'en sert pour arracher de jeunes arbres, et se frayer un passage dans les forêts. Il fait jaillir au loin et dirige à son gré l'eau dont il a rempli sa *trompe*, qui peut en contenir plusieurs seaux.

Sa tête est monstrueuse; elle supporte deux oreilles très longues, très larges et très épaisses, disposées à peu près comme celles des hommes. Son *crâne* a jusqu'à sept pouces d'épaisseur; ce qui explique comment il se fait que les Indiens, en le poursuivant à la chasse, l'atteignent souvent à la tête avec leurs flèches sans le tuer. La bouche de l'éléphant n'est armée que de huit dents; mais la nature lui en a encore donné deux qui sortent de la mâchoire supérieure, et sont très fortes: elles sont longues de plusieurs pieds, et un peu recourbées. On les appelle *défenses*, et elles méritent bien ce nom, car c'est l'arme puissante que l'éléphant emploie, non-seulement pour se défendre contre ses ennemis, mais encore pour les attaquer. C'est avec ses dents que l'on tire l'*ivoire*, qui se travaille d'une manière si ingénieuse et si délicate, particulièrement à Dieppe.

Il est assez naturel de penser qu'un animal aussi énorme doit avoir un grand appétit, car la capacité de son estomac contient une grande quantité d'aliments. Un éléphant consomme plus en huit jours que trente *nègres*, et il mange jusqu'à cent livres de riz par jour.

La nourriture d'un éléphant, qui était gardé à la ménagerie du roi, consistait en quatre-vingts livres de pain, douze pintes de vin, deux seaux de potage, une gerbe de blé pour s'amuser; car, après avoir mangé les les grains des épis, il faisait des poignées de de paille dont il chassait les mouches, et prenait plaisir à la rompre par petits morceaux, ce qu'il faisait fort adroitement.

Les éléphants sauvages vivent d'herbes, de fruits et de branches d'arbres, dont ils mangent le bois assez gros; leur boisson est de l'eau, qu'ils ont soin de troubler avant de boire.

La taille de l'éléphant s'élève quelquefois jusqu'à treize et quatorze pieds; son corps a jusqu'à douze pieds de tour. Il se couche rarement; il dort presque toujours appuyé contre un arbre, dont il se sert avec constance. Les Indiens profitent de cette habitude pour scier pendant la journée l'arbre contre lequel il s'appuie la nuit. Comme l'arbre est scié presque entièrement, lorsque l'éléphant s'appuie, l'arbre tombe et entraîne l'animal, qui ne peut pas se relever; alors on s'en empare.

Ses yeux, quoique très petits, relativement à son corps, sont non-seulement vifs et spirituels, mais ont encore une expression de sentiment qui indique combien cet animal est naturellement doux. Il tourne ses regards vers son maître avec douceur, semble réfléchir tous ses mouvements; lorsque son maître s'approche de lui, il le considère avec amitié; s'il parle, il l'écoute avec attention. Son œil annonce l'intelligence lorsqu'il a écouté, la pénétration lorsqu'il veut le prévenir; il *réfléchit*, *délibère*, *pense* et n'*agit* qu'après avoir examiné plusieurs fois, et sans précipitation, les signes auxquels il doit obéir. Il est susceptible d'*attachement*, de *reconnaissance* et d'*affection*, jusqu'à sécher de douleur lorsqu'il a perdu celui qui le gouverne, que l'on appelle *cornac*. On l'apprivoise si aisément, et on le soumet à tant d'exercices différents, qu'on est surpris qu'une bête aussi lourde prenne si facilement les habitudes qu'on lui donne; mais s'il est susceptible d'attachement, il sent vivement les injures, et n'est pas insensible au plaisir d'en tirer vengeance. On cite là-dessus des traits fort extraordinaires.

Autant l'éléphant est doux, autant il est terrible lorsqu'il se croit offensé et qu'on excite sa fureur; alors il dresse les oreilles, ainsi que sa trompe, dont il se sert pour renverser les hommes et les jeter au loin. Lorsque, dans sa colère, il a terrassé un homme, il l'entraîne, à l'aide de sa trompe, contre ses pieds de devant, et marche dessus pour l'écraser, ou il le massacre en le frappant et le perçant avec ses défenses.

L'empereur du Mogol a des éléphants qui lui servent de bourreaux, et exécutent ses sentences avec une rare précision. Si, en leur livrant le criminel, on leur demande de hâter sa mort, ils le mettent en pièces en un moment avec leurs pieds; si, au contraire, on leur ordonne de prolonger le supplice, ils lui rompent les os les uns après les autres, d'une manière aussi cruelle que l'ancien supplice de la roue aurait pu le faire. Ils portent même si loin l'intelligence, pour exécuter ce qu'on leur dit, que si le *cornac* commande à un éléphant de faire peur à quelqu'un, il s'avance sur la personne qu'on lui a désignée, comme s'il voulait la mettre en pièces, et, quand il en est tout près, il s'arrête tout court sans lui faire le moindre mal.

Cet animal n'aime pas qu'on le trompe ni qu'on lui dise des choses désagréables. Dans le nombre des curieux qui avaient été voir l'éléphant de la ménagerie, se trouvait une dame qui, en le voyant paraître, s'écria : Oh ! le vilain animal ! qu'il est laid ! L'éléphant fut remplir sa trompe de sable et d'eau bourbeuse ; puis, revenant près de la barrière où il venait de recevoir cet affront, il ne se trompa pas sur la personne qui lui avait fait un si mauvais compliment, et la couvrit en un instant de toutes les ordures qu'il avait été chercher.

Une autre fois, un peintre qui voulait le dessiner avait chargé son domestique d'employer tous les moyens possibles pour le faire tenir dans une attitude assez difficile; car il fallait qu'il tînt sa trompe levée et sa gueule ouverte. Pour le faire tenir dans cet état, le domestique lui jetait des fruits dans la gueule, et le plus souvent n'en faisait que le geste. L'éléphant s'impatienta de cette tromperie ; et, comme s'il avait deviné que le maître était plus coupable que le valet, puisque c'était lui qui donnait l'ordre de le tourmenter, pour se venger, il jeta avec sa trompe une grande quantité d'eau sur le papier du peintre, et mit le dessin commencé absolument hors d'état de servir.

Si, pour faire faire à cet animal quelque chose qui lui répugne, on lui promet de lui donner quelque chose qu'il aime, il obéit à l'instant; mais il serait bien dangereux de lui manquer de parole, et plus d'un *cornac* est devenu victime de son inexactitude à tenir l'engagement qu'il avait pris.

Un trait, attesté par les autorités les plus respectables, peut faire la preuve de cette exigeance de la part de l'éléphant.

Dans la province du *Décan,* royaume des Indes, en Asie, un éléphant se vengea de son conducteur qui lui avait manqué de parole, et le tua.

La femme du *cornac,* témoin de ce triste spectacle, prit ses deux enfants, et les jeta aux pieds de l'animal encore tout furieux, en lui disant : Puisque tu as tué mon mari, ôte-moi aussi la vie, ainsi qu'à mes deux enfants.

L'éléphant s'arrêta tout court, comme pour surmonter sa fureur; et, paraissant tomber de regret de ce qu'il venait de faire, il prit avec sa trompe le plus grand des deux enfants, le mit sur son cou, l'adopta pour son *cornac,* et ne voulut plus en souffrir d'autres.

Mon Dieu, dit Auguste, que l'histoire des animaux est intéressante! — Vous voyez, mes enfants, quelle source de plaisir on trouve dans l'instruction; car ce n'est que par les observations que des savants se sont attachés à faire qu'on est parvenu à connaître les mœurs, les habitudes des animaux, et tout ce qu'ils offrent de curieux. — Il me semblait que les *savants* devaient être très ennuyeux ? — Tu vois qu'au moins ce qu'ils ont recueilli est amusant, et que le fruit de leurs recherches sert à te faire passer des moments agréables. — Vous nous avez parlé de deux animaux biens différents par leur taille, l'éléphant et la fourmi, et cependant il m'ont tous deux bien amusé. — Tous les prodiges de la nature intéressent toujours, toutes les fois qu'on veut prendre la peine de les observer.

Mais, papa, dit Gustave, est-il vrai qu'il y a des hommes *rouges ?* — Oui, cette couleur est en général celle des sauvages de l'Amérique septentrionale. — Cela doit être bien laid ! — Ils se trouvent sans doute aussi beaux que nos petits-maîtres les plus recherchés. — Mais à quoi tient donc cette variété de couleur dans l'espèce humaine? — On doit l'attribuer à diverses causes : l'influence du climat, le genre de nourriture, les mœurs et les habitudes des peuples. Nous voyons que, sous le ciel brûlant de l'Afrique, les hommes y sont noirs, et qu'il y a beaucoup de variété dans les nuances des Nègres. En Asie, les hommes sont d'une teinte jaune qui nous paraît également désagréable, et qui l'est peut-être encore plus que le noir bien franc des Nègres. Dans la plus grande partie de l'Amérique septentrionale, les hommes sont d'un rouge de cuivre, et les Européens ont l'avantage d'être blancs, à part les habitants des pays méridionaux, tels que Espagnols, les Portugais, qui sont plus basanés, à raison de la chaleur de leur pays; mais ce qui vous paraîtra bien plus extraordinaire, c'est qu'il y a une race d'hommes qu'on appelle *Nègres blancs*. Ils n'ont aucun coloris; leur peau, leurs cheveux, leurs sourcils, ainsi que les cils qui bordent leurs paupières, tout est du même blanc mat, et je n'ai pas de peine à croire que ces hommes sont les plus laids qu'on puisse trouver. Ils ont les yeux rouges comme des lapins, et ne voient clair que la nuit; aussi la journée il vivent comme les chauve-souris, et ne sortent pas des sombres forêts où ils se cachent, ou bien de leurs *huttes*, où le jour ne pénètre pas. On les appelle encore *albinos*, ou hommes *blancs*.

Si je n'avais pas tant de confiance en mon papa, dit Victor, je croirais qu'il se moque de nous, tant il nous raconte de choses extraordinaires. — Mon enfant, tout est merveilleux dans la nature, et je ne vous dis qu'une bien petite partie des choses étonnantes faites pour exciter notre admiration ou notre surprise. Lorsque vous pourrez parcourir vous-mêmes ces ouvrages instructifs que de grands hommes ont composés pour épargner à leurs semblables les veilles et les travaux auxquels ils se sont condamnés eux-mêmes, vous trouverez des choses bien plus étonnantes que celles dont je vous parle à présent.

Pour moi, dit Gustave, je n'ai jamais pu regarder des nègres sans dégoût; il me semble qu'ils ne doivent pas compter parmi l'espèce humaine, et qu'ils ont l'air d'animaux. — C'est un préjugé bien défavorable, malheureusement partagé par beaucoup d'autres personnes que toi; car enfin qu'importe la couleur? C'est l'intelligence, la raison, qui constituent l'*homme*, et, sous ce rapport, les Nègres ont bien droit de faire partie de la grande famille, car en général, ils sont doués d'un esprit vif et d'une sensibilité profonde. Les Européens ont abusé de la supériorité que leur donnait la civilisation pour les asservir et les opprimer.

Mais, interrompit Victor, qu'est-ce donc que la civilisation? — C'est l'homme en état de société, ayant perfectionné et mis à profit tous les avantages que la nature lui a accordés; s'étant soumis à des lois qu'il a reconnues sages et protectrices; ayant reconnu un culte, une religion par lesquels il transmet au Créateur l'hommage de sa soumission et de sa reconnaissance; cultivant les beaux-arts, et produisant ces chefs-d'œuvre en tous genres qui attestent le génie de l'homme et sa perfection morale : voilà, mon ami, ce que sont les peuples *civilisés*. — Est-il vrai, mon papa, qu'il y a des sauvages qui mangent des hommes? — Oui ; on les appelle *anthropophages*, ou mangeurs de chair humaine. Cette barbarie est heureusement assez rare, et ne s'exerce guère parmi ces peuplades sauvages que contre les prisonniers qu'ils font à la guerre. — Alors c'est sans doute plutôt par esprit de vengeance que par un goût qui fait horreur? — Il faut le présumer, car ils font souffrir des tourments horribles à ces malheureux prisonniers avant de leur ôter la vie, et ils font consister le courage à souffrir ces tourments sans se plaindre, à braver même les tortures qu'on leur multiplie en chantant des chansons qu'ils improvisent, et dans lesquelles leurs ennemis ne sont pas épargnés. — La belle consolation de chanter lorsqu'on est à la torture! — Vous savez, mes enfants, que les préjugés naissent des opinions. Les Lacédémoniens ont bien fait consister le courage à braver la douleur ; il n'est donc pas étonnant que les sauvages aient conçu la même opinion. — Papa, demanda Victor, qu'est-ce que c'est que des *carnivores?* — On appelle ainsi les espèces d'animaux qui se nourrissent de *chair*. Presque tous les animaux sont *carnivores ;* on appelle aussi *frugivores* ceux qui se nourrissent de fruits. — Mais, papa, les chats, qui sont des animaux domestiques, aiment pourtant beaucoup la viande; et si on ne fermait pas soigneusement les garde-manger, ils dévoreraient bientôt toutes les provisions de la maison. — Le chat est un animal très féroce, lorsqu'il n'est pas réduit à l'état de domesticité; car les *chats sauvages* sont très redoutés et très redoutables; d'ailleurs nos chats sont des domestiques fort infidèles, que l'on ne garde que par nécessité, pour les opposer aux souris incommodes dont ils sont ennemis jurés. Le chat est *carnivore ;* cette épithète s'applique aussi quelquefois aux personnes à qui la nature de leur tempérament rend plus nécessaire de se nourrir avec de la viande.

On a remarqué que ces personnes ont généralement le caractère moins doux que celles qui préfèrent pour leur nourriture les fruits, les légumes et le laitage. Comme la nourriture influence singulièrement les mœurs, cela n'est pas étonnant; les sauvages, ne vivant que de leur chasse, sont bien plus féroces que ceux qui mangent des graines et des fruits; les éléphants, dont nous avons parlé tout à l'heure, ne sont peut-être si doux que parce qu'ils ne mangent jamais de viande; au lieu que le *tigre*, le *lion*, le *léopard*, font leurs délices de dévorer tous les êtres animés qu'ils peuvent rendre leur proie.

Est-il vrai, papa, qu'on peut dire que le *lion* est susceptible de générosité? dit Gustave. — On peut citer de ce noble animal des traits qui effectivement semblent annoncer qu'il a de la sensibilité, et que, comme d'autres espèces, le sentiment de sa supériorité, quant à la force, lui inspire des idées généreuses. Il est très susceptible de *pitié*, d'*attachement* et de *reconnaissance*. — Mais, papa, ces qualités semblent être produites par la *raison*, l'*âme*, le *sentiment*. Comment se fait-il qu'un *animal* puisse en être pourvu? — Dieu a tout créé pour l'*homme*, et tu conviendras, mon ami, que c'est bien un effet particulier de sa bonté s'il a doué de qualités particulières quelques espèces, qui sans cela n'inspireraient que l'effroi. La masse énorme de l'*éléphant*, qui épouvanterait les hommes, par sa douceur et sa docilité leur fournit les moyens d'en tirer parti. Le *singe*, par ses gentillesses, l'amuse et excite sa gaîté; le *chameau* lui prête ses forces, et sa soumission double son utilité; le *bœuf* aide l'homme à déchirer le sein de la terre pour lui confier les semences qui doivent servir à sa nourriture;

le *cheval* le transporte d'un lieu à un autre, et ménage ses forces en lui épargnant de la fatigue. Chaque espèce est donc douée d'un instinct particulier; le *lion*, trop redoutable par ses inclinations hostiles, est cependant assujéti quelquefois aux volontés de l'homme; mais c'est un phénomène qui ne se renouvelle pas souvent, et que l'on fait remarquer à la curiosité, qui paie pour en jouir.

De tous les animaux destinés par la Providence à soulager l'homme dans ses travaux, aucun n'est *carnivore*; tous se nourrissent des plantes que la terre produit ou de feuilles d'arbres. On peut attribuer à ce genre de nourriture leurs inclinations plus pacifiques; mais, pour en revenir au lion, un trait bien fait pour convaincre de sa générosité, c'est celui que la peinture s'est empressée de transmettre à la posérité, et qui a fourni un tableau très remarquable.

Une femme était allée faire du bois dans une forêt : elle avait conduit avec elle un jeune enfant qui jouait sur l'herbe pendant que sa mère faisait ses fagots. Tout-à-coup un lion énorme sort de l'épaisseur de la forêt, et vient se jeter sur l'enfant pour en faire sa victime; déjà une énorme gueule entr'ouverte effleurait les vêtements de l'enfant, lorsque la mère éplorée, voyant la mort de son fils presque certaine, par une inspiration de la tendresse maternelle, se jette à genoux devant le lion, et, par des gestes suppliants ainsi que par ses larmes, essaie de fléchir ce terrible animal. Semblant comprendre l'accent de la douleur et y être sensible, le lion contempla quelques instants cette mère éplorée, reposa doucement sur l'herbe l'enfant qu'il avait déjà saisi, et retourna tranquillement dans son antre.

Mais, observa Victor, comment la pauvre mère put-elle conserver assez de présence d'esprit pour tenter ce moyen? Telle est, mon ami, la puissance de l'amour maternel; il inspire le vrai courage, et tout ce que le dévouement peut avoir de sublime, car il n'y a pas de doute que si cette femme eût eu la possibilité de se mettre entre le lion et son fils, elle ne l'eût fait. — Mais enfin, papa, les animaux peuvent donc raisonner? — Je te répète, mon ami, que les bornes de leur intelligence sont mesurées à l'*instinct* dont le Créateur les a pourvus : parce qu'un chien te caresse, qu'il est sensible à tes bons traitements, qu'il prend vivement ta défense contre ceux qui t'attaquent, en conclurais-tu qu'il a la même raison que toi? Il faut admirer dans ces qualités qui te touchent et t'attachent la destination que sans doute Dieu a assignée à cet animal, qu'il a destiné à être le compagnon fidèle de l'homme, et qu'il a doué de tout l'instinct nécessaire pour qu'il s'attachât à celui qu'il devait défendre et distraire. La preuve que cet animal si intelligent, si dévoué, qui excite, à si juste raison, notre reconnaissance et notre étonnement, est bien loin de participer à cette noble partie de nous-mêmes qui nous distingue de toutes les autres espèces et prouve que nous sommes créés pour leur commander, c'est que le chien, si dévoué à son maître, ne contracte aucun lien avec ceux de son espèce; la chienne, qui défend ses petits avec tant de sollicitude tant qu'ils ont besoin d'elle, les confond dans la foule et ne les reconnaît plus dès que ses soins cessent de leur être nécessaires. Comment cette ligne de démarcation, qui offre des nuances si prononcées, ne nous pénètre-t-elle pas d'une profonde reconnaissance? — Oh! papa, contez-nous donc encore quelque anecdote d'animaux. — Chaque espèce pourrait m'en fournir assez pour occuper agréablement vos loisirs pendant plusieurs journées; mais, puisque nous sommes si riches, je vais vous raconter encore quelque chose de relatif au lion, que l'on désigne à juste titre comme le *roi* des animaux.

A l'île du *Sénégal*, plusieurs esclaves nègres s'étaient sauvés de l'habitation de leur *maître*, qui les maltraitait avec une rigueur affreuse. Ils s'étaient réfugiés dans une caverne pour se mettre à l'abri des recherches qu'on aurait pu faire de leurs personnes, et étaient devenus ce qu'on appelle des nègres *marrons*, c'est-à-dire qui ont échappé à l'esclavage par la fuite, et vivent dans les lieux les plus reculés. Un de ces nègres s'étant écarté de ses compagnons, rencontra une lionne couchée sur le sable, et qui paraissait souffrir beaucoup; d'abord il fut tenté de profiter de l'état de souffrance du terrible animal pour le tuer; mais un sentiment de compassion succéda à ce premier mouvement inspiré par le désir de sa conservation, et s'approchant de la lionne qui l'implorait par ses regards, il vit qu'elle ne pouvait se remuer, parce qu'ayant perdu probablement ses petits, son lait était tellement engorgé dans ses mamelles qu'elle devait en être très incommodée. Le nègre essaya de la débarrasser du fardeau qui la faisait souffrir, et lui pressant doucement les mamelles avec ses mains, il parvint à en faire jaillir le lait, et à mesure que cette opération s'effectuait, la lionne, paraissant soulagée, se prêtait avec une docilité parfaite à toutes les attitudes qui pouvaient favoriser la bonne volonté du nègre, à qui même elle léchait les mains.

Lorsque l'animal fut tout-à-fait soulagé, il se disposa à suivre celui qui venait de lui rendre un si éminent service, et il l'accompagna à la caverne qui lui servait d'asile ainsi qu'à ses compagnons. Les autres nègres furent bien surpris et presque épouvantés de voir leur camarade en si redoutable compagnie; mais, lorsqu'il leur en eut dit la cause, ils pensèrent qu'ils pourraient tirer un plus grand parti pour leur sûreté de cette circonstance, et faisant à la lionne beaucoup de prévenances, ils la déterminèrent à partager leur demeure.

La connaissance fut bientôt cimentée, et la bonne harmonie s'établit peut-être avec plus de facilité qu'entre des hommes civilisés: chaque jour la lionne suivait de préférence le nègre qui avait été son bienfaiteur. Si elle s'en écartait quelques instants, ce n'était que pour chercher sa subsistance, et souvent elle partageait avec ses nouveaux amis le produit de sa chasse. Un jour que les nègres étaient restés dans la caverne à cause du mauvais temps, ils furent surpris par une vingtaine d'hommes que leur ci-devant maître avait mis à leur poursuite, et ils auraient peut-être été contraints de céder à la force, et de retourner reprendre des fers détestés, si la lionne n'était devenue pour eux le plus puissant des auxiliaires. Du moment où elle avait vu des gens qui lui étaient inconnus, elle s'était avancée d'un air menaçant, et avait fait reculer les assaillants. Les nègres marrons, rassurés par ce secours, firent entendre à leurs adversaires que, s'ils ne se retiraient pas bien vite, ils allaient les faire dévorer par la lionne. Cette menace ne manqua pas son effet, et, peu jaloux de se mesurer avec un ennemi si redoutable, ils s'en retournèrent dire à celui qui les avait envoyés, que les nègres fugitifs étaient sous une protection trop puissante pour tenter de la braver.

Cette anecdote fit du bruit, et le gouverneur du Sénégal fit promettre aux nègres marrons leur grâce et l'assurance de la liberté, s'ils voulaient lui amener la lionne ; mais ne se fiant pas assez aux promesses des Européens pour racheter leur liberté au prix d'une telle déloyauté, les nègres marrons changèrent d'asile, et furent confier à une autre caverne la conservation de leur existence ; ils y restèrent longtemps. toujours sous la protection de leur généreuse gardienne, qui s'était tellement familiarisée avec eux qu'elle était devenue aussi douce et aussi docile qu'un chien domestique. Tous les printemps, elle les quittait pendant quelques jours, et revenait ensuite jouir près d'eux des douceurs de la maternité. Plusieurs fois ils essayèrent d'élever ses petits lionceaux ; mais dès qu'ils devenaient un peu grands, ils reprenaient leurs habitudes sauvages, et s'enfonçaient dans l'épaisseur des forêts pour n'en plus revenir. Cette communauté subsista pendant cinq ans, sans que la moindre mésintelligence en altérât les charmes; mais au bout de ce temps-là, soit que la lionne fût devenue victime de quelques chasseurs, soit par d'autres causes que l'on n'a pu savoir, elle ne revint plus ; et les nègres, privés de leur plus solide appui, traitèrent avec un autre colon, et reprirent les chaînes de l'esclavage, n'étant plus sûrs de pouvoir conserver leur liberté.

Mais, dit Auguste avec feu, je voudrais bien savoir de quel droit il y a des hommes qui en réduisent d'autres en esclavage? — Par le plus injuste de tous, le *droit du plus fort.* Et remarque, mon ami, que ceux qui en usent sont cependant des hommes civilisés, qui suivent les lois d'une religion toute d'amour et de charité, qui prétendent être guidés par les principes de la philanthropie, c'est-à-dire de l'amour des hommes. Ils ont porté leurs vices dans ces contrées éloignées, où de pauvres sauvages auraient dû recevoir les bienfaits attachés à la civilisation, et au lieu de les *instruire*, ils les ont *enchaînés.*

Comme ils avaient sur ces sauvages l'avantage incalculable de savoir employer les armes à feu, ils les ont soumis sans beaucoup de peine ; mais rien ne révolte tant l'humanité et ne fait plus gémir la sensibilité que les traitements barbares et les cruautés employés dans ce qu'on appelait la *traite des nègres*, qui n'était autre chose que d'aller les acheter dans leur pays, où l'on profitait de leur ignorance et de leur passion pour les liqueurs fortes pour les transplanter dans d'autres climats, où les travaux les plus rudes, les traitements les plus barbares devenaient leur partage. C'est aux sueurs des nègres et souvent à leur sang que nous devons l'avantage de manger du sucre et de prendre du café, parce que, trop faibles pour cultiver ces denrées dans nos colonies d'Amérique, cette culture est faite par les malheureux nègres qu'on amène de l'Afrique dans les *Antilles*, ou îles d'Amérique qui nous appartiennent.

Cependant, comme la population des nègres s'est beaucoup accrue dans les lieux mêmes où ils étaient esclaves, fatigués de la pesanteur du joug avec lequel on les dirigeait, encouragés secrètement par des gens assez imprudents pour ne pas voir à quels excès pourraient se livrer des hommes opprimés par des maîtres cruels si on leur rendait trop brusquement la liberté, les nègres de la plupart de nos colonies se sont révoltés, et par des fureurs atroces ont égalé les blancs en cruauté. Des massacres horribles, des incendies, des pillages, sont devenus les fruits déplorables de cette révolte; cependant, à travers les malheurs d'une pareille révolution, quelques nègres ont prouvé combien les bons traitements avaient de puissance sur leur esprit, et combien l'attachement et la reconnaissance pouvaient leur inspirer de courage, de zèle et de dévouement.

Papa, dit Victor, racontez-nous quelque chose de ces pauvres nègres, s'il vous plaît.

— A Saint-Domingue, il y avait un colon fort riche, dont les nègres étaient traités rigoureusement. Souvent la fille du colon avait gémi des châtiments sévères infligés aux malheureux nègres pour les fautes les plus légères; et comme elle avait plus d'une fois arraché des mains du *commandeur* (nom du nègre qui dirige les autres) le fouet prêt à sillonner les épaules des esclaves, elle était chérie dans l'habitation, comme un ange tutélaire qui avait souvent l'art de désarmer la cruauté. Lorsque la révolte des nègres arriva, ils avaient si bien pris leurs mesures pour frapper leurs victimes, que tous les colons étaient marqués du sceau de la proscription, et que le poignard ainsi que les torches de l'incendie devaient briller en même temps.

Le secret le plus profond avait été juré par les conjurés avec des serments épouvantables, et la plupart des colons étaient à la veille d'être livrés au trépas qu'ils n'en avaient pas le moindre doute.

M. Marin, dont je viens de vous parler, était de ce nombre, et la mort devait l'atteindre dans vingt-quatre heures, qu'il ordonnait encore le châtiment d'un nègre qui le subit sans dire autre chose que : *Bientôt ton tour.*

Adèle, sa fille, était absente de l'habitation lorsque le nègre fut châtié; étant revenue assez tard, elle fut surprise de rencontrer un nègre qui lui fit des signes pour l'engager à aller le joindre dans un endroit qu'il lui désigna. Adèle s'y rendit, et le nègre, mettant un genou en terre, lui dit d'une voix basse : Bonne petite maîtresse, moi vouloir sauver toi, parce que toi bonne pour les pauvres nègres. — Que veux-tu dire, Azor? — Qu'il faut que toi pardonne à moi ce que je vas faire; mais toi verras que pauvre nègre t'aime.

A l'instant il la saisit d'un bras nerveux, et, lui couvrant la bouche avec un mouchoir, il l'emporte avec une rapidité extrême dans une grotte à plus d'une lieue de l'habitation. Adèle avait bien peur, et ne pouvait concevoir dans quelle intention le nègre se conduisait ainsi. Lorsqu'ils furent dans la grotte, Azor la déposa sur un lit de mousse qu'il avait préparé d'avance, et lui expliqua que, la nuit même, la ville devait être incendiée, et les colons massacrés ; qu'il s'exposait à être lui-même assassiné par ses camarades en la sauvant, parce que l'extermination des *blancs* avait été décidée par les *noirs ;* mais qu'il n'avait pu se résoudre à la laisser périr, parce qu'il se rappelait avec attendrissement qu'elle avait toujours été bonne et humaine, et qu'il s'était décidé à user de violence pour la sauver.

La pauvre Adèle se jeta à ses genoux, en le conjurant de sauver aussi son père, parce que la vie lui serait odieuse s'il ne sauvait pas celle de l'auteur de ses jours. D'abord Azor parut inexorable, ensuite il se laissa toucher, et promit de faire tous ses efforts, ne dissimulant pas que, en faisant cette promesse, il s'exposait à une mort presque certaine ; mais enfin il céda aux instances d'Adèle, et la quitta en lui faisant donner sa parole qu'elle ne quitterait pas un seul instant la grotte où il l'avait amenée, parce que de cette condition dépendait absolument son salut.

Jugez, mes chers enfants, quelles furent l'anxiété et les angoisses de cette jeune personne, lorsqu'au milieu de la nuit elle vit les flammes consumer les habitations, et qu'elle put distinguer les hurlements de la fureur et les gémissements des victimes qui parvenaient jusqu'à elle; tremblante, incertaine sur ce qu'elle devait faire, vingt fois elle fut sur le point d'abandonner sa retraite pour courir au-devant du poignard homicide; et cependant un instinct secret la retint. Enfin, au point du jour, elle voit accourir vers la grotte deux nègres, dont l'un parassait grièvement blessé; bientôt elle distingue son père, conduit par Azor, qui, épuisé de fatigue, ainsi que par la perte de son sang, tomba à ses pieds en murmurant d'une voix faible : Moi mourir content, puisque moi ai sauvé mauvais blanc; mais lui était père à bonne petite maîtresse, et moi avais promis à elle.

M. Marin raconta à sa fille qu'Azor était venu le trouver, et l'avait forcé à se noircir tout le corps pour se donner l'apparence d'un nègre; il avait même poussé la prévoyance jusqu'à lui couvrir la tête d'une perruque qui imitait la chevelure frisée d'un nègre; qu'ensuite, après lui avoir fait prendre tout l'argent qu'il avait pu porter, il l'avait conduit par des sentiers détournés jusqu'à celui qui devait l'emmener à la grotte; mais que dans le chemin ils avaient trouvé un parti de nègres qui, ayant témoigné à Azor quelque inquiétude sur sa course rétrograde, entreprise à cette heure, avaient exigé le mot d'ordre de M. Marin, auquel il n'avait pu répondre, faute de le savoir ; qu'alors un vif combat s'était engagé, qu'Azor lui avait fait constamment un rempart de son corps, et s'était défendu si vaillamment qu'il avait mis ses adversaires hors de combat; que, réunissant toute sa force, il avait couru, en laissant sur sa route des traces sanglantes, et qu'au moment où ils étaient arrivés, le pauvre Azor venait encore de lui dire : Maître à moi, sauve-toi; moi meurs pour toi. Si jamais tu as encore esclaves, sois bon pour eux, et ne les traite pas comme pauvre Azor.

Le généreux nègre était mort effectivement, et les secours qu'Adèle essaya de lui donner furent inutiles. M. Marin et sa fille, par le dévouement de cet esclave, purent gagner les *Etats-Unis,* au moyen des sommes qu'il avait aidé son maître à emporter.

Mais il est tard, mes enfants; remettons à un autre jour le plaisir de parler des merveilles d'un autre genre, et contentons-nous, pour cette fois, de récapituler en combien de classes on divise le *règne animal.* Un des plus célèbres naturalistes en reconnaît *six :* la première comprend les *quadrupèdes ;* la seconde les *oiseaux* ou *bipèdes;* la troisième les *amphibies* ou animaux qui vivent également dans l'eau et sur la terre ; la quatrième les *poissons,* qui ne vivent que dans l'eau; la cinquième les *insectes,* et la sixième les *vers.*

Dans la foule d'objets que nous présente ce vaste univers, dans le nombre infini des différentes productions qui couvrent sa surface, les *animaux* tiennent le premier rang, et sont le premier anneau de la chaîne qui lie tant de merveilles; la conformité qu'ils ont avec nous, la supériorité que nous leur reconnaissons sur les *végétaux* ou les êtres *inanimés;* leurs sens, leur forme, leurs mouvements, établissent beaucoup plus de rapports avec les choses qui les environnent que n'en ont les *végétaux;* et les *végétaux*, par leur développement, leur figure, leurs accroissements et leurs différentes parties, ont aussi un plus grand nombre de rapports avec les objets extérieurs que n'en ont les *minéraux* et les *pierres,* qui n'ont aucune sorte de vie. C'est par cette raison que l'*animal* est au-dessus du *végétal*, et que le *végétal* est au-dessus du *minéral.*

L'*animal* est donc, selon notre manière de voir, l'ouvrage le plus complet du Créateur, et l'*homme* en est le chef-d'œuvre.

En effet, si l'on considère l'*animal,* que de ressorts, que de forces, de machines et de mouvements renfermés dans cette portion de matière qui compose le corps d'un *animal*; que de rapports, de correspondance, d'harmonie dans toutes ses parties; que de combinaisons, de causes, d'arrangements, qui tous concourent au même but, et que nous ne connaissons que par des résultats si difficiles à comprendre qu'ils n'ont pu cesser de nous paraître des merveilles que par l'habitude que nous avons prise d'en jouir sans y réfléchir !

Contents des détails que M. de Lormeuil leur avait donnés, ses enfants, loin de s'en ennuyer, calculaient avec impatience que le jour où il devait leur en donner de nouveaux était encore bien éloigné; ils reprirent gaîment le chemin de la maison, se félicitant de pouvoir déjà entendre parler avec intérêt d'une partie des merveilles de la création, et se proposant d'apporter toute l'attention dont ils étaient susceptibles aux conversations que ce bon père avait la complaisance d'avoir avec eux, afin de lui donner la satisfaction d'en bien profiter.

CHAPITRE V.

Il y avait encore tant à dire sur le règne animal, que, malgré l'envie qu'avait M. de Lormeuil de traiter d'un autre règne, la première fois qu'il céda aux prières de ses enfants pour parler de l'*Histoire naturelle*, il ne put se refuser de parler à Victor des *abeilles*, car cet enfant en avait vu le matin même un *essaim* que l'on rassemblait dans un panier, et la bonne tartine de miel qu'il avait mangée quelques jours auparavant lui donnait un vif désir de connaître dans ses détails l'insecte admirable qui produit de si bonnes choses.

Il y a plusieurs sortes d'abeilles ; mais la plus intéressante est l'abeille commune, parce que c'est celle qui produit le miel et la cire, dont on fait un grand usage.

Cette espèce de mouches, qui était autrefois sauvage, a été, pour ainsi dire, apprivoisée par l'homme, qui lui fournit une maison appelée *ruche* : les abeilles vivent en société, se sont créé des lois, et observent un ordre admirable dans les différentes fonctions qu'elles se sont réparties.

M. de Lormeuil en était là dans la descripcription qu'il faisait à ses enfants, lorsqu'il fut interrompu par Gustave qui lui demanda s'il était vrai que les abeilles eussent une reine. — Non-seulement une, mais plusieurs qui reçoivent les hommages de leurs sujets, dirigent leurs travaux, et maintiennent l'ordre dans leur petit empire. — Mais ces mouches ont donc une forme bien différente pour être reconnues par les autres ? — On a remarqué que, dans certains temps de l'année, il y avait trois espèces de mouches bien distinctes dans les ruches : la plus nombreuse est celle qui se compose des abeilles nommées *ouvrières*, parce que ce sont elles qui recueillent le miel et la cire ; la seconde sont les *faux-bourdons*, ainsi nommés pour les distinguer des *bourdons velus* qui volent dans la campagne ; la troisième, qui est la plus rare, se nomme *reines-abeilles* ou *reines-mères*, parce qu'elles sont mères d'une nombreuse postérité.

Une particularité très remarquable, c'est que l'intérieur du ventre des abeilles se divise en quatre parties, dont l'une est une petite bouteille qui contient le miel, et une autre contient le *venin*, l'*aiguillon*, dont l'atteinte est si redoutable, et les intestins qui, comme dans tous les animaux, servent à la digestion.

La bouteille de miel, lorsqu'elle est remplie, est grosse comme un pois, transparente comme le cristal, et contient la liqueur que les abeilles vont recueillir sur les fleurs, dont une partie demeure pour les nourrir; l'autre partie est rapportée au magasin qu'elles ont commencé à établir, en le composant de *cellules* faite avec de la cire, et dont la figure est si régulière que le compas n'aurait pu leur donner plus de précision.

La bouteille du venin est à la racine de l'aiguillon, au travers duquel l'abeille en darde quelques gouttes, comme au travers d'un tuyau, pour les répandre dans la piqûre qu'elle a faite : cet aiguillon ou dard, qui paraît si délié à l'œil, est un petit tuyau creux où repose l'instrument de sa vengeance; son extrémité est taillée en scie, dont les dents sont tournées dans le sens d'un fer de flèche, qui entre aisément, mais ne peut sortir sans faire une déchirure très douloureuse.

Il est dangereux d'irriter ces petits insectes, qui sont aussi vindicatifs qu'irascibles; car leur piqûre porte avec elle une inflammation qu'il est difficile d'atténuer. Les *faux-bourdons* sont faciles à distinguer des *ouvrières*, en ce qu'ils sont plus longs, ont la tête plus ronde et plus chargée de poils; leurs dents sont plus petites : aussi ne peuvent-ils pas s'en servir, comme les abeilles, pour récolter la cire. Leur *trompe* est plus courte, plus déliée, ce qui leur donne de la peine à puiser le miel dans les fleurs : aussi ils n'en sucent que ce qui est nécessaire à les faire vivre; la nature leur ayant refusé les instruments propres au travail, semble les en avoir exceptés, et toute leur occupation se borne à féconder les reines. Les *mères-abeilles* ne sont pas pourvues non plus des *outils* servant à la récolte de la cire; leurs dents, quoique plus petites que celles des abeilles *ouvrières*, sont plus grandes que celles des *faux-bourdons;* leurs ailes sont beaucoup plus courtes que celles des autres : aussi volent-elles plus difficilement que les abeilles ordinaires; mais en revanche leur aiguillon est bien plus long : elles ne s'en servent que quand elles ont été irritées longtemps, ou quand elles veulent disputer l'empire à une autre.

Le nombre des abeilles qui composent une *ruche* est très considérable : il s'y trouve une *reine* qui est seule de son sexe, sept ou huit cents *faux-bourdons*, et quinze à seize mille abeilles communes que l'on pourrait appeler le gros de la nation. Lorsque les mouches s'établissent dans une ruche, leur première besogne est de boucher tous les petits trous qui s'y trouvent. Elles emploient à cet effet une matière gluante qui durcit ensuite. L'activité est si grande parmi ces petits animaux que, pendant que les unes bouchent les trous de la ruche, les autres travaillent à la composition des *gâteaux*, composés de ces cellules si régulières dont je vous parlais tout à l'heure.

Outre ces cellules, qui sont les plus nombreuses, elles en bâtissent encore d'autres plus grandes, destinées à recevoir les œufs des *faux-bourdons*; les autres étant destinées aux abeilles ouvrières, ces cellules, ainsi que les premières, varient pour la profondeur; mais elles sont d'un diamètre constant, qui est de trois lignes et demie.

Les abeilles commencent à établir la base de leur ouvrage dans le sommet de la ruche. C'est avec une patience et un courage admirables qu'elles parviennent à construire les cellules; et, lorsqu'elles sont pressées, elles ne leur donnent qu'une partie de la profondeur qu'elles doivent avoir. Cette construction leur coûte beaucoup de peine ; le plus grand nombre des ouvrières s'occupe à dresser, polir, limer ce qui est encore brut ; elles en finissent les côtés et les bases avec une si grande délicatesse qu'à peine trois ou quatre de ces côtés, posés les uns sur les autres, ont-ils l'épaisseur d'une feuille de papier.

Elles construisent encore d'autres cellules destinées à leurs *reines* ; et pour celles-là elles enrichissent sur leur architecture ordinaire, mettent plus d'élégance dans les formes, plus de solidité dans les parois, moins d'économie dans la matière ; aussi une seule de ces cellules pèse autant que cent cinquante cellules ordinaires.

Un *gâteau* dont toutes les cellules sont bâties présente à l'admiration le chef-d'œuvre de l'industrie de ces insectes. Alors on les voit travailler chacune selon son district à l'ouvrage commun. Elles volent sur les fleurs des diverses plantes qu'elles rencontrent, se roulent au milieu des étamines, dont la poussière s'attache à une forêt de poils dont leur corps est couvert ; la mouche en est colorée : quand les fleurs ne sont pas encore bien épanouies, les abeilles pressent avec leurs dents les sommets des étamines, où elles savent que les grains de poussière sont renfermés ; elles rentrent ensuite dans la ruche, les unes chargées de pelotes jaunes, les autres de pelotes de différentes couleurs, selon la couleur des différentes poussières; cette poussière est la matière de la *cire brute.*

Chargées de leur précieuse récolte, lorsqu'elles sont arrivées, il vient d'autres abeilles détacher avec leurs serres une petite portion de cette *matière à cire,* qu'elles font passer dans un de leurs estomacs, car elles en ont deux, un pour la cire et un pour le miel ; c'est dans cet estomac que se fait cette merveilleuse élaboration ; les mouches dégorgent ensuite cette cire sous la forme d'une bouillie, et à l'aide de leur langue, de leurs dents, de leurs pattes, elles construisent les cellules; dès que cette pâte est sèche, c'est de la cire, telle que notre cire ordinaire.

Les cellules servent à contenir le miel, la cire brute, et les œufs que la *reine-mère* y dépose. Cette *mère* est bien féconde, car c'est à elle que doivent leur naissance toutes les nouvelles mouches qui naissent dans une ruche; aussi rien n'égale l'attachement que les autres abeilles ont pour elle. Elles lui rendent les hommages et les services qu'on rend à une souveraine, lui composent un cortége plus ou moins nombreux lorsqu'elle veut prendre l'air ou faire la revue de ses états;

elles la caressent avec leur *trompe*, la suivent partout elle va. La seule espérance de voir naître parmi elles une mère abeille suffit pour les exciter au travail; et si elles sont privées de la leur, elles tombent dans l'oisiveté. Elles lui sont tellement attachées que, si elle meurt, tous les travaux cessent, et les abeilles se laissent mourir de faim. La fécondité de cette reine est telle qu'en sept ou huit semaines elle peut donner le jour à dix ou douze mille abeilles; suivie de son cortége, et toujours occupée des soins du gouvernement et de la population, elle entre d'abord la tête la première dans chaque cellule, pour voir si elle est en bon état; elle en ressort, et fait ensuite rentrer sa partie postérieure pour déposer dans le fond de la cellule un œuf qui s'y trouve collé à l'instant.

Elle passe ainsi de cellule en cellule, et pond jusqu'à deux cents œufs par jour. La nature lui apprend à choisir les cellules les plus grandes lorsqu'elle vient pondre les œufs d'où naissent les faux-bourdons; elle ne se trompe pas non plus sur les cellules royales, où elle doit pondre les *reines*. Au bout de quelques jours, dont la chaleur détermine le nombre, il sort de l'œuf un *ver* qui reste au fond de la cellule; il est long, blanc, roulé en anneau, appuyé mollement sur une couche épaisse de *gelée* d'une couleur blanchâtre que les abeilles *ouvrières* y ont apportée pour sa nourriture. Ces *ouvrières* sont les nourrices qui se chargent de la nourriture du ver; elles ont grand soin de visiter chaque cellule, pour reconnaître s'il a tout ce qu'il lui faut. Son aliment est du miel et de la cire préparés dans le corps des abeilles, qui ont un soin encore plus particulier des œufs d'où les *reines* doivent éclore; elles donnent à ceux-là de la pâture avec une grande profusion. En six jours, le ver a pris tout son accroissement. Les *abeilles*, qui reconnaissent alors qu'il n'a plus besoin de manger, ferment la cellule avec un petit couvercle de cire. Il se déroule alors, s'allonge, et tapisse de soie les parois de sa cellule, car il file ainsi que les *chenilles*. Lorsqu'il a fini son ouvrage, il passe à une autre métamorphose, et devient ce qu'on appelle *nymphe;* il perd alors toutes les parties du *ver*, pour prendre celles qui doivent constituer la *mouche*. Lorsqu'elle a acquis le développement nécessaire à sa nouvelle conformation, ce qui dure ordinairement vingt-un jours, pour qu'elle ait toute sa perfection, elle fait usage de ses dents pour sortir de sa prison et rompre son enveloppe; c'est une opération très difficile pour la jeune abeille, et qu'elle ne peut pas toujours accomplir. Les abeilles alors ont, ainsi que tous les autres animaux, une tendre sollicitude pour leurs petits tant qu'ils ont besoin d'elles : dès que ce temps est passé, leur amour se change en indifférence; contraste qui doit bien suffire pour faire sentir la différence qu'il y a entre l'*instinct* et la raison. Dès que la mouche est sortie, d'autres viennent raccommoder la cellule, la nettoyer, et la préparer pour recevoir ou de nouveaux œufs ou du miel. La pellicule qui enveloppait la jeune abeille se trouve collée exactement contre les parois de la cellule, ce qui en fait paraître la couleur différente. Dès que cette jeune mouche peut sortir, à peine ses ailes sont-elles déployées, qu'elle vole aux champs, et est tout aussi habile à recueillir le miel et la cire que les autres abeilles.

Tandis que, dans cet empire, les unes prennent soin d'élever l'espérance de l'état, les autres travaillent aux récoltes précieuses de cire brute et de miel : l'un et l'autre constituent leur nourriture, et les magasins qu'elles forment avec tant d'activité et d'intelligence font servir ces animaux pour point de comparaison, lorsque l'on prêche la prévoyance.

Mais, dit Auguste, c'est une chose admirable que tous ces soins, et il me semble qu'il y a bien peu de dames que l'on pourrait citer pour être aussi habiles ménagères. Victor pria son père de lui permettre d'avoir un petit rucher à la maison ; mais il observa qu'il ne concevait pas comment on avait pu connaître tous les détails qu'il venait d'entendre : car enfin, ajouta-t-il, à moins d'avoir été *abeille*, comment peut-on savoir avec autant de précision ce qu'elles font? — Ton étonnement cessera, mon ami, lorsque tu sauras que les *observateurs,* désirant connaître positivement les mœurs et les occupations des abeilles, ont imaginé de faire faire des *ruches de verre,* dont la transparence a donné le moyen de connaître les moindres détails de leur conduite ; c'est par cette ingénieuse invention que que l'on a pu apprécier les travaux de cet intelligent animal. — O mon papa, je vous en conjure, permettez que j'aie une ruche de verre, afin d'examiner tous ces merveilleux ouvrages ! — Tous les plaisirs que vous me demanderez, mes enfants, qui auront un but aussi instructif que celui-là, ne vous seront jamais refusés. — Moi, qui aime tant les tartines de miel, j'y aurai la *main*, quand j'aurai une ruche. — Ta gourmandise pourrait bien vite faire périr les abeilles, car il n'y a qu'une certaine époque dans l'année où l'on puisse sans danger leur enlever une partie de leur récolte. — Mon papa, est-ce donc avec cette cire dont vous nous parliez qu'on fait la bougie? — Oui, mon ami; les cierges qui éclairent les solennités de nos églises, les bougies qui répandent dans nos salons une lumière si agréable, sont les produits du travail des abeilles; mais pour lui donner son éclatante blancheur, il faut des préparatifs assez compliqués. La cire brute est jaune; c'est avec elle qu'on frotte les appartements et les meubles : non-seulement elle sert aux ébénistes et aux menuisiers, mais encore elle entre dans la composition de beaucoup de remèdes. — Avec les abeilles, rien n'est perdu? — Il en est ainsi de toutes les merveilles que le Créateur a produites pour l'éternelle admiration des hommes et leur utilité.

Il y a encore un autre animal qui produit des choses étonnantes; c'est le *ver à soie*. Qui pourrait imaginer qu'un insecte aussi petit, d'aussi chétive apparence, fût l'ouvrier de ces ameublements somptueux dont la richesse et l'élégance flattent nos sens et étonnent l'imagination? Ces riches étoffes, ces velours moelleux, ces gazes transparentes, doivent la matière première dont ils sont fabriqués à cet humble animal, dont le travail, les métamorphoses, l'instinct, sont aussi admirables que l'instinct des fourmis et des abeilles.

Mais, mon papa, dit Victor, sont-ce ces mêmes vers qui se nourrissent de feuilles de mûrier? — Oui, mon ami, et je t'assure que leur éducation est aussi amusante que celle des abeilles. — Vous vous amusez en nous parlant de l'éducation de ces animaux; on ne fait l'éducation que des hommes. — Crois-tu donc que les oiseleurs qui apprennent à parler aux perroquets; que les chasseurs qui dressent les chiens; que toi-même qui avais montré à un lapin à battre du tambour; crois-tu, dis-je, que ces essais ne méritent pas le titre d'*éducation?* — Oui, mon papa; mais qu'est-ce donc qui a enseigné aux abeilles et aux vers à soie à faire les choses surprenantes et utiles qu'ils exécutent? — Ta réflexion est juste, mon ami, et je crois, comme toi, qu'ils n'ont pas eu d'autres instituteurs que l'auteur de toutes choses, et ta remarque m'en fait faire une autre : c'est que ce qui tient de plus près à l'*utilité* appartient à l'instinct que Dieu a mis dans les animaux, tandis que la portion d'intelligence qui doit servir à l'*agrément* a besoin d'être développée par les soins des hommes. — Mon papa, nous permettrez-vous d'avoir aussi des vers à soie? — Sans doute, pourvu que vous sachiez vous prêter à tous les soins qu'ils exigent. — Parbleu! leur donner à manger, c'est bientôt fait. — Ne crois pas que tes soins doivent se borner à si peu de chose ; ces animaux en exigent de bien plus multipliés. La propreté la plus minutieuse est une des qualités exigibles pour les faire prospérer ; ensuite la préparation de la soie demande beaucoup de patience ; mais ces soins se trouvent bien récompensés par les résultats qu'ils obtiennent.

— Mais, qu'as-tu, Auguste? ton attention paraît distraite par quelques pensées tout-à-fait étrangères au sujet que nous traitons? — Pas tant que vous le croyez, mon papa ; car je pensais que, puisque vous aviez la bonté d'accorder à mes frères des animaux pour les amuser, vous auriez peut être la même bonté pour moi. — Sans doute, si cela est possible ; mais que désires-tu? — L'animal que j'aime le mieux ; un joli petit cheval. — Peste ! tu n'est pas dégoûté ! mais, mon ami, ce sont des jouissances qu'on ne peut se procurer que quand on est riche, et nous ne le sommes pas ; je voudrais bien cependant ne pas te refuser, et s'il y a des moyens conciliatoires entre tes désirs et ma fortune, je m'empresserai de les saisir. — En attendant, si vous aviez la bonté de nous parler de cet animal bien en détail, vous me feriez grand plaisir? — Je le veux bien ; car il m'est plus facile de souscrire à ce vœu que de te donner un cheval.

La domesticité du cheval est si ancienne, qu'on ne trouve plus de chevaux sauvages dans aucune des parties de l'Europe; ceux que l'on voit par troupes en Amérique sont des chevaux domestiques, et européens d'origine, que les Espagnols y ont transportés, et qui s'y sont multipliés. Cette espèce d'animaux manquait au Nouveau-Monde; les Espagnols purent s'en convaincre à la frayeur des Mexicains et des Péruviens, qui, les voyant montés sur des chevaux, les prirent pour des demi-dieux.

Les chevaux sauvages sont plus forts, plus nerveux et plus légers que la plupart des chevaux domestiques : ils ont ce que donne la nature, la force et la noblesse; les autres n'ont que ce que l'art peut donner, l'adresse et l'agrément.

Ces animaux ne sont point féroces; ils sont seulement fiers et sauvages : ils prennent de l'attachement les uns pour les autres, ne se font point la guerre entre eux, vivent en paix; leurs appétits sont simples et modérés, et ils ont assez pour ne se rien envier.

La plus noble conquête que l'homme ait jamais faite est celle de ce fier et fougueux animal, qui partage avec lui les fatigues de la guerre et la gloire des combats. Intrépide comme son maître, le cheval voit le danger et l'affronte; il s'accoutume au bruit des armes; le son d'une musique guerrière l'anime et l'enflamme; il s'enorgueillit de porter un superbe harnais; et lorsqu'ils contribue à la pompe des fêtes publiques, en traînant les monarques dans des chars superbes, ou en ornant leur cortége, il balance sa tête avec fierté, frappe la terre de son pied, hennit, agite sa crinière, et semble dire à celui qui le gouverne : Si je suis docile à vos ordres, si je me soumets à votre impulsion, si je donne de l'éclat à vos fêtes, et que la précision de mes mouvements, la promptitude de mes évolutions vous aident à recevoir les éloges qu'on accorde toujours à une manœuvre bien exécutée, c'est que je vous aime, et que je veux reconnaître par mon obéissance les soins que vous me donnez, et que je ne saurais prendre moi-même; vous me protégez, et je vous suis soumis.

Cet animal, par lequel on évite les fatigues de la marche, rend des services incalculables aux hommes. Dans un petit espace de temps, il fait parcourir beaucoup de chemin; il transporte les marchandises et facilite les moyens de commerce, en faisant circuler les denrées d'une province à l'autre, d'un royaume du nord à une contrée du midi. Il partage avec le *bœuf* le soin d'utiliser la charrue et de féconder la terre ; jusqu'à ses excréments qui sont utiles, puisque c'est au moyen du fumier que l'on fertilise les terres qui n'ont pas des principes assez productifs.

Ses mouvements sont à la fois nobles et gracieux, ses formes sont belles, et son intelligence sait l'astreindre au joug que lui impose l'homme ; il s'attache à son maître, et les caresses ont beaucoup de pouvoir sur lui ; enfin il fournit son *crin* pour rembourrer les meubles et même en couvrir ; son *cuir* sert à faire des bottes et des souliers. Il est suscepceptible d'apprendre et d'exécuter mille tours d'adresse, dont on ne peut se faire une idée qu'après les avoir vus ; et, si nous allons à Paris cet hiver, je vous mènerai voir, chez *Franconi,* des chevaux qui dansent sur la corde, qui exécutent mille tours très réjouissants à voir.

Mon papa, interrompit Gustave, tout ce que vous nous dites du cheval est bien beau ; il me semble cependant que le *bœuf* lui est préférable, sous le rapport de l'utilité. Voyez comme ces bonnes vaches nous donnent d'excellent lait ! — Ta friandise n'influencerait-elle pas ton opinion ? — Et leur chair nous nourrit, leur cuir fait aussi des souliers ; ils traînent encore la charrue.

— Tu te moques avec ta comparaison, dit Victor ; la belle différence qu'il y a entre un cheval et un bœuf! l'un est beau, léger, vif, adroit; l'autre lourd, laid, gauche; ses vilaines cornes, dont il se sert quelquefois pour faire tant de mal, me font une peur effroyable. — Et les chevaux, lorsqu'ils ruent, ne donnent-ils pas de coups de pied plus dangereux que des coups de corne? M. de Lormeuil et Auguste se rangèrent du côté de Victor; et si le bœuf fut proclamé aussi utile que le cheval, il fut démontré, comme deux et deux font quatre, que le cheval était infiniment plus beau.

Une légère ondée étant venue interrompre la discussion, M. de Lormeuil promit à Victor que le sujet de la première conversation qu'ils auraient sur l'histoire naturelle serait pris dans le règne végétal. Victor sauta de joie en apprenant cette bonne nouvelle, car rien ne pouvait avoir autant de charmes pour lui que tout ce qui tenait à la botanique.

M. de Lormeuil croyait en être quitte pour ce jour-là, et ne plus continuer à faire la description des animaux; mais, en s'en retournant, il trouva des hommes qui conduisaient un chameau, un ours et un singe. Ce fut une nouvelle source de questions de la part des enfants, qui n'avaient garde de laisser échapper une aussi belle occasion. Il fallut savoir que le *chameau* se trouvait en Afrique et en

Asie, où il rendait d'importants services aux habitants de ces contrées; car non-seulement il porte des fardeaux énormes, mais encore sa douceur et sa docilité le classent parmi les animaux domestiques les plus intéressants.

M. de Lormeuil fit observer à ses enfants avec quelle ingénieuse bonté la sage Providence a placé dans chaque climat les animaux qui y conviennent. En Afrique, où des sables brûlants et stériles ne pourraient être traversés par des animaux pour qui la soif serait un supplice, si elle n'était pas satisfaite, le Créateur y a placé le chameau, qui, malgré sa grande taille, est le plus sobre des animaux; il se passera de boire pendant un très long temps, et même jusqu'à neuf jours. Cette faculté, si précieuse dans un pays où l'eau est très rare, est due en partie à la conformation de cet animal, qui, en outre des quatre estomacs ou *poches* communs aux animaux *ruminants*, tels que le bœuf...

— Mon papa, dit Gustave, qu'est-ce qu'un animal ruminant? — C'est celui qui, après avoir broyé longtemps l'herbe verte ou sèche qui fait sa nourriture, a la faculté de la faire remonter, avant qu'elle ne soit digérée, et de la broyer de nouveau, ce qui prolonge la durée du sucs qu'il en extrait. — Mais j'ai regardé bien souvent des bœufs, et jamais je ne leur ai vu faire ce que vous dites. — C'est que tu regardais sans voir : à présent que tu apportes de l'intérêt à observer ce qui concerne les animaux, tu y apporteras plus d'attention. Mais revenons au chameau.

J'avais commencé à vous dire qu'il avait de plus que le bœuf une cinquième *poche*, qui lui sert de réservoir pour conserver de l'eau ; et c'est sans doute ce qui lui donne la possibilité d'attendre si longtemps qu'il trouve à renouveler sa provision.

C'est un animal très docile, qu'on dresse dans son enfance à se baisser et s'accroupir lorsqu'on veut le charger ; ce qui serait fort difficile sans cela, à cause de la hauteur de sa taille. Pour lui donner cette habitude, dès qu'il est né, on lui plie les quatre jambes sous le ventre, et on le couvre d'un tapis sur le bord duquel on met des pierres, afin qu'il ne puisse pas se relever. Comme cet animal est très haut, on l'accoutume à se mettre dans cette posture dès qu'on lui touche les genoux avec une baguette, afin de pouvoir le charger plus aisément. On le laisse ainsi pendant quelque temps, sans lui permettre de téter, afin qu'il contracte de bonne heure l'habitude de boire rarement. On ne lui fait point porter de fardeaux avant l'âge de trois ou quatre ans.

Quand il sent qu'il est assez chargé, il ne faut pas essayer de lui en donner davantage, car il se rebute, donne de la tête, se relève à l'instant; et, si on le surcharge malgré lui, il fait des cris lamentables.

La durée de la vie de ces animaux est d'environ cinquante ans. On n'a pas besoin de les frapper pour les faire avancer, il suffit de les siffler; lorsqu'ils sont en grand nombre, on bat des timballes. Il a encore un grand avantage : c'est de donner du lait dont on fait un grand usage; enfin, non-seulement il porte jusqu'à douze cents, mais on l'attelle aussi pour traîner des chars.

On fait sécher ses excréments, que l'on emploie ensuite comme une espèce de tourbe que l'on brûle pour faire la cuisine au milieu des déserts. On mange encore la chair du chameau, et l'on ramasse avec soin son poil, qui, mêlé avec d'autres poils, entre dans la fabrication des chapeaux.

Le dromadaire est une espèce de chameau qui ne diffère du précédent que parce qu'il n'a qu'une bosse sur le dos tandis que le chameau en a deux. Sa tête a un peu d'analogie avec celle du mouton; ses yeux sont gros et saillants, son front est revêtu d'un poil ressemblant à de la laine; le reste du corps est recouvert d'un poil doux au toucher, de couleur fauve un peu cendrée, les oreilles courtes, rondes, le cou très long, orné d'une belle crinière.

Mais l'ours que nous venons de voir, c'est bien laid ; à quoi sert-il ? dit Gustave. — L'ours est un animal féroce qui se trouve dans l'Afrique et l'Asie, et dans quelque parties de l'Europe. Vous avez vu que ses formes n'ont rien d'attrayant. Sa peau est chaude et utile, lorsqu'elle est préparée pour faire des fourrures grossières. Les sauvages d'Amérique se font un grand régal de manger des pattes d'ours, qu'ils trouvent un mets extrêmement friand. On se sert aussi de sa graisse pour faire de la chandelle, et d'autres fois de la pommade ; mais il n'offre pas de particularités assez intéressantes pour vous entretenir longtemps. Quant au singe, il vous a fait rire par ses cabrioles et ses espiégleries, qui le rendent un point de comparaison pour tout ce qui est malicieux ; mais là doivent se borner toutes ses prétentions. — Mon papa, dit Victor, vous ne nous avez rien dit des *oiseaux ;* ils font cependant partie du règne animal ? — Je ne vous ai parlé, mes enfants, que de quelques espèces remarquables par leur utilité, leur intelligence, et leurs qualités attachantes ; chaque espèce offrirait des traits intéressants à la curiosité ; mais dans l'impossibilité où nous sommes de nous entretenir de toutes, j'ai dû laisser de côté les moins importantes. Les *oiseaux* sont très variés par leur forme et leur plumage; mais quelle différence entre leur intelligence et celle des animaux dont je vous ai parlé! contentons-nous de les *manger*, de les *entendre* lorsqu'ils *chantent*, et de les *regarder* lorsqu'ils voltigent. Lorsque nous aurons beaucoup plus de temps à donner à leur étude particulière, nous nous en occuperons; mais comme mon intention, dans ce moment, n'a pu être que de vous donner une légère idée des *règnes* de la nature, à notre première promenade, nous nous occuperons du *règne végétal*, qui ne vous intéressera pas moins que celui que nous venons de parcourir si rapidement, quoique ses merveilles soient d'un autre genre; mais dans toutes les productions qui couvrent le globe, la bonté prévoyante du Tout-Puissant se fait tellement sentir, qu'on ne peut étudier la nature sans contracter l'engagement d'aimer et d'admirer l'auteur de tant de prodiges.

CHAPITRE VI.

VICTOR était le plus empressé des trois frères à rappeler à M. de Lormeuil qu'il leur avait promis une instruction intéressante; il parcourait le jardin avec un intérêt tout particulier, examinait les plantes, dont il lui tardait de savoir le nom, respirait l'odeur suave des fleurs, dont l'histoire présentait à sa jeune imagination d'intéressantes découvertes. Le jour si désiré arriva, et, dirigeant la course de ses enfants vers une colline couverte de plantes aromatiques, lorsqu'ils eurent fait une ample récolte des fleurs qui leur avaient paru les plus remarquables, pendant le repos que la fatigue qu'ils venaient de prendre leur rendait très désirable, M. de Lormeuil entama le sujet si cher à Victor, tandis qu'Auguste s'étendait sur l'herbe d'un air assez ennuyé, et paraissait peu disposé à trouver dans cet entretien autant de plaisir que son frère. M. de Lormeuil en ayant fait la remarque, lui demanda s'il était malade. — Non, mon papa; mais comme vous m'avez toujours permis de vous parler avec franchise, je vous avouerai que l'étude des *herbes* n'a pas un grand attrait pour moi. — Pourrais-tu m'en dire la raison? — Mais c'est qu'elles n'ont ni beauté, ni utilité, ni importance. — Tu n'as sans doute pas réfléchi que le *blé* qui te nourrit était une *herbe?* — Passe pour celle-là; mais les autres... — Ont des propriétés plus ou moins importantes; car les unes donnent des teintures brillantes qui colorent les différentes étoffes dont nous nous servons, les autres entrent dans la composition des remèdes qui guérissent les maladies dont nous sommes atteints. D'autres enfin nourrissent les animaux qui nous sont les plus utiles, comme les chevaux à qui il faut du *foin*, de l'*avoine* et de la *paille;* le *bœuf*, qui borne ses besoins au foin et à la *paille;* l'*âne*, encore moins dédaigneux, qui se contente humblement de prendre ses repas avec les plantes les moins recherchées dont le mélange couvre le sol qu'on lui laisse parcourir; le *mouton*, dont la toison forme nos habits, la chair notre nourriture, et le cuir nos souliers, ne se nourrit que des herbes suaves que la nature a si prodigalement distribuées dans les champs. Tu vois donc, mon ami, de quelle importance est le règne végétal. Passons ensuite en revue tous ces légumes savoureux qui paraissent avec tant d'avantages sur la table du riche, et qui sont d'une ressource si économique pour la nourriture du pauvre! ose ensuite mépriser le *règne* qui possède une si grande variété de richesses! Si tu daignes abaisser tes regards sur le parterre orné par ces fleurs charmantes dont les émanations embaument l'air que tu respires, seras-tu assez ingrat pour ne pas convenir qu'elles ont souvent frappé bien agréablement ton odorat? Si, élevant tes observations jusqu'aux arbres, tu te donnes la peine de réfléchir, pourras-tu nier que, après nous avoir prêté leurs ombrages charmants, ils font succéder une utilité d'une bien grande importance, en fournissant ce qui est nécessaire à la construction de nos maisons? C'est le chêne qui en fournit la charpente; le *noyer*, l'*acajou*, obéissent à l'ébéniste habile, et se prêtent aux formes aussi variées qu'élégantes que la mode imagine pour les meubles qui décorent nos salons. Le *sapin* est employé dans toutes les menuiseries légères, qui sont d'une solidité moins nécessaires et d'un prix moins élevé; et jusque pour les *cercueils*, qui deviennent nos dernières demeures, le *bois* n'est-il pas employé?

— Je me rends, dit Auguste; et, d'après tout ce que vous venez de me dire, mon papa, je vous avoue que ma curiosité est excitée; je me sens donc tout disposé à rivaliser d'attention, même avec Victor.

La botanique, dit M. de Lormeuil, est une partie de l'histoire naturelle qui a pour objet la connaissance du règne végétal en entier. Elle embrasse des détails mineurs qu'il nous serait impossible de parcourir, car on ne peut connaître l'économie végétale si l'on n'est instruit de la manière dont les germes des plantes se développent, de leur organisation en général, de la structure de leurs parties en particulier, de leurs noms, de leurs propriétés, et de la manière de les cultiver. Mais qui ne serait effrayé de la quantité de ces détails, lorsque des observateurs ont découvert que l'on pouvait compter à peu près dix-huit ou vingt mille espèces de plantes, tant dans le nouveau que dans l'ancien continent? et comme chaque jour la navigation découvre de nouveaux climats, qui pourrait nombrer exactement les nouvelles variétés que l'on rencontre à chaque instant? Mon projet n'est donc point, mes enfants, de vous égarer dans un pareil labyrinthe, mais de vous faire effleurer, ainsi que nous l'avons fait pour le *règne animal*, tout le parti que l'on peut tirer de cette science, tant pour l'utilité que pour l'agrément; car la nature semble être encore moins constante et plus diversifiée dans les plantes que dans les animaux.

On donne le nom d'*herbe* aux plantes dont les tiges périssent en partie tous les ans. Il y en a de plusieurs sortes : 1° les plantes potagères, qui sont pour l'usage de la cuisine, et se mangent; 2° les *herbes odoriférantes*, qu'on emploie aussi fréquemment dans la cuisine et dans la médecine; 3° les *herbes sauvages*, qui sont des plantes médicinales; 4° les *mauvaises herbes*, nom donné à toutes les plantes qui enlèvent au bon grain une partie de la substance de la terre qu'elles épuisent, et sont particulièrement nuisibles aux champs ensemencés des plantes *graminées*, nom donné aux herbes de la famille des *chiendents*, telles que le *blé*, l'*avoine*, l'*orge*, le *seigle*, etc., etc. Il y a encore une cinquième espèce d'*herbes* dont les racines sont *vivaces*, c'est-à-dire qu'elles peuvent braver la rigueur des hivers, tandis que les autres meurent dès qu'on a récolté leurs graines, et veulent être semées tous les ans.

Par un dévouement devenu bien utile à l'espèce humaine, beaucoup de savants ont consacré leurs veilles à découvrir les propriétés de toutes les plantes connues, et le parti qu'on pouvait en tirer dans le grand art de guérir. Par un miracle de la Providence, toutes les plantes ont des propriétés particulières adaptées aux climats où elles naissent, et aux maladies qui y sont les plus communes. Aux époques les plus reculées, les anciens s'occupaient peut-être plus encore qu'à présent de la connaissance des plantes; au moins il y avait très peu de médecins. C'étaient les vieillards qui s'attachaient plus particulièrement à l'étude de la botanique, et transmettaient à leurs descendants les connaissances qu'ils avaient acquises, et qui tenaient toutes à l'emploi qu'on pouvait faire des *simples* (on appelle ainsi les plantes médicinales). Il paraît que l'espèce humaine s'en trouvait très bien, puisque l'existence était bien plus prolongée qu'à présent.

Par suite des découvertes que l'on a faites, et des relations que la navigation a établies entre les contrées les plus éloignées, toutes les parties du monde sont devenues tributaires les unes des autres : ainsi l'*Asie* nous fournit le *thé*; l'*Afrique*, le *café*; l'*Amérique*, le *quinquina*, qui guérit la fièvre; et presque toutes les drogues que la pharmacie emploie nous viennent des autres parties du monde. Sans doute l'art a encore de grands progrès à faire dans cette science; car, si on la connaissait bien, je suis très convaincu qu'il n'y a point de pays qui ne produisent des plantes salutaires qui puissent guérir les maladies qui y sont communes.

Le *blé* ou froment est sans contredit de toutes les plantes celle qui est la plus précieuse à l'humanité, puisqu'elle fait la nourriture d'une grande partie de l'espèce humaine. Son grain est, comme tous les dons du Créateur, un bienfait toujours renaissant pour la conservation des hommes. L'origine de cette plante, si remarquable par son extrême fécondité, sa culture, et les moyens de l'utiliser et d'en tirer une nourriture saine, remontent presque à l'origine du monde; peut-être l'a-t-on d'abord foulée aux pieds, et ne présentait-elle pas tous les avantages que la culture lui a donnés; car on voit que le Créateur a accordé à l'homme une sorte d'empire sur tous les fruits, les fleurs et les autres productions naturelles, qu'il embellit, perfectionne, et rend presque méconnaissables par la beauté qu'il leur procure à force de soins et de travaux. Ensuite le temps a fait faire des découvertes précieuses pour améliorer la culture.

Quel que fût le blé dans son origine, c'est actuellement la plante la plus précieuse, et que l'on s'est attaché à cultiver avec le plus de soin ; elle récompense généreusement le cultivateur de ses travaux, puisqu'elle donne ordinairement *quinze* pour *un*; c'est-à-dire qu'un boisseau de blé produit quinze boisseaux de blé ; et s'il est semé dans une terre nouvelle, qui n'ait pas encore été épuisée par d'autres productions, ont peut assurer que sa fécondité tient du prodige.

Pline, naturaliste très distingué, raconte que sous *Auguste*, empereur des Romains, un intendant lui envoya, d'un canton de l'Afrique où il résidait, un pied de blé qui contenait quatre cents tiges, toutes provenues d'un seul grain, ce qui était assurément un *phénomène*.

Papa, dit Victor, je ne comprends pas ce que signifie ce mot. — Un phénomène est tout ce qui est extraordinaire et sort des limites que la nature à prescrites. Par exemple, un *homme à deux têtes* est un phénomène, puisqu'il ne doit en avoir qu'une dans l'ordre naturel, et cependant cela existe. Aussi je vous raconte l'étrange fécondité de ce gain de *blé*, puisque si, dans l'ordre naturel, il ne doit rendre que *quinze* pour *un*, c'est un *phénomène* s'il rend six mille pour un, nombre des grains contenus dans les quatre cents tiges désignées.

Quand vous serez *propriétaires*, et que vous attacherez un intérêt direct à faire produire la terre le plus possible, vous apprendrez en détail tout ce qui concerne la culture de cet important *graminée.* Si je vous en entretenais à présent, je vous ennuierais sans vous instruire ; je ne vous ferai pas non plus la description de cette plante, puisqu'il n'y a pas un de vous qui n'ait aperçu un champ de *blé ;* le *riz,* que vous mangez quelquefois avec tant de plaisir, est une autre espèce de *graminée,* mais qui ne se cultive pas en France ; il exige un climat chaud et un terrain humide. Le *Piémont* et l'*Italie* le cultivent avec avantage. Dans beaucoup de contrées de l'Asie et de l'Amérique, il fait la nourriture des habitants.

Comme les animaux sont les soutiens de l'homme dans les travaux de l'agriculture, Dieu a pourvu à leur nourriture en donnant aux hommes le génie observateur, qui leur fait mettre à profit tout ce que la nature a fait pour eux. Ainsi les prairies fournissent une récolte précieuse, puisque le *foin* qu'on y trouve sert de nourriture aux chevaux, aux vaches, aux *buffles*, qui dans d'autres pays remplacent les bœufs, aux moutons et aux *ânes*. La *paille* qui reste des *graminées* dont on a recueilli le grain partage avec le *foin* l'avantage non-seulement de contribuer à la nourriture des animaux, mais c'est avec elle que l'on prépare leur *litière*, qui les délasse la nuit des travaux de la journée. Elle couvre aussi les chaumières, dont les pauvres propriétaires ne peuvent pas atteindre le prix élevé des autres matières plus solides et moins dangereuses que l'on emploie ordinairement dans la couverture des maisons. La *paille de riz* contribue aussi à la toilette des dames, pour qui l'on en tresse d'élégants chapeaux qui les mettent à l'abri des rayons du soleil; et cette invention commode, perfectionnée par le luxe, tourne, par son prix élevé, au profit du commerce, puisque l'on voit de ces élégants chapeaux se vendre jusqu'à six cents francs, selon la finesse de leur tissu.

Je ne fixerai point mon attention sur d'autres *herbes* : elles n'ont d'intérêt que pour les pharmaciens qui les récoltent et nous les vendent ensuite pour guérir les maladies pour lesquelles elles sont ordonnées; ou bien pour les teinturiers, qui en tirent les sucs colorants avec lesquels ils teignent les étoffes. J'aime donc mieux promener votre curiosité dans les immenses parterres que la nature a embellis pour flatter nos sens, et je vais vous parler des *fleurs*.

Elles sont les productions des plantes qui se changent en fruits, après avoir satisfait notre vue par la vivacité et la diversité de leurs couleurs, et avoir flatté notre odorat par les parfums qu'elles exhalent dans l'*atmosphère*.

Pour vous offrir une idée des dénominations que les botanistes donnent à chacune de leurs parties, je vous dirai, en termes de l'art, que la *fleur* est composée de trois parties. La première est l'enveloppe, appelée *calice* : c'est elle qui soutient les *fleurs*, et les conserve dans l'arrangement qui est propre à chacune. La seconde est le feuillage, appelé *corolle ;* il est composé d'une ou plusieurs feuilles de toutes couleurs qu'on nomme *pétales :* c'est à cette partie que le langage vulgaire applique spécialement le nom de *fleur*.

La nature a destiné ces feuilles à couvrir le cœur de la *fleur,* et à le mettre à l'abri des injures de l'air : mais à l'aspect du soleil elles s'épanouissent presque toujours. Cependant il y en a dont la délicatesse ne peut soutenir l'éclat des rayons du père de la lumière ; elles restent fermées jusqu'à ce que la clarté plus douce de la lune les fasse ouvrir.

La troisième partie est le *cœur :* c'est la plus précieuse; il est composé des *étamines*, du *pistil* et des *sommets*. Je ne vous ai parlé de ces mots techniques que parce qu'ils s'emploient souvent dans les descriptions, et qu'il est bon de les connaître. Il y a des *fleurs* qui viennent de *graines*, d'autres de *boutures ;* de ce nombre sont les *rosiers*, dont la tige épineuse semble garantir la reine des fleurs des atteintes d'une main *profane*. On lève à côté du plan principal les rejets qui l'accompagnent, et mis dans une bonne terre ils ne tardent pas à reprendre. Les œillets se multiplient de même, quoiqu'on puisse aussi les faire venir par graine ; mais une chose bien merveilleuse dans la culture des fleurs, c'est qu'on a observé qui la poussière végétale qui tombe des étamines, et que le vent porte sur d'autres fleurs, sert à varier les espèces de la manière la plus singulière. C'est une espèce de mariage que la nature arrange entre les plantes, et qui, par des rapports extrêmement curieux, établit de nouvelles variétés dans les fleurs soumises à cette singulière influence. Au moyen de ces étonnantes associations, il naît souvent des espèces nouvelles, dont on n'avait pas encore eu connaissance.

Les *fleurs* proviennent ou de *plantes* ou d'*ognons*, et la plupart des *plantes* tirent leur origine des graines. Les jardiniers n'appellent *fleurs* que celles qui contribuent à l'embellissement des jardins ; tels sont les *œillets*, les *tubéreuses*, les *tulipes*, les *renoncules*, les *anémones*, etc. Une chose assez singulière, c'est que nos plus belles fleurs nous viennent du *Levant*, excepté les *œillets*, que nous avons toujours possédés ; mais à présent l'on n'a pas besoin d'aller aussi loin pour admirer leur nombre, leur beauté, leur extrême variété ; la culture ne nous en est plus étrangère, et le moindre paysan connaît très bien la manière de cultiver, dans un petit coin de terre qui environne sa chaumière, toutes les fleurs qui peuvent lui donner un aspect plus agréable.

C'est une culture qui exige beaucoup de soins de la part de ceux qui s'y livrent ; mais c'est une occupation si agréable, qui annonce des goûts si simples, si innocents, et qui dédommage avec usure de la peine qu'on a prise par la beauté des fleurs que l'on fait naître, ainsi que par leurs variétés ; car l'intérêt et la curiosité ont fait trouver d'ingénieux procédés pour chamarrer de diverses couleurs les fleurs vivantes des jardins. On a su faire des roses vertes, jaunes, et même bleues ; mais il faut convenir que la nature a été plus habile dans le choix des couleurs qu'elle a employées que tous ceux qui ont la prétention téméraire de la surpasser; car toutes ces couleurs d'emprunt sont bien au-dessous du brillant carmin que la nature a employé pour colorer la reine des fleurs.

On a observé que les fleurs subissaient des changements presqu'à chaque génération, soit par la culture, le terrain, le climat, la sécheresse, l'humidité, l'ombre ou le soleil; tous ces changements sont plus ou moins prompts, selon le nombre, la force, la durée des causes qui les ont occasionnés.

Les fleurs sont un des plus charmants ouvrages de la nature; elles ont dû inspirer aux peintres les secrets d'un agréable coloris. L'arrangement élégant de toutes leurs parties, leurs couleurs variées et brillantes, leur fraîcheur, leurs parfums délicieux, attirent l'attention des êtres les moins susceptibles d'en avoir. Un parterre peut être étudié comme la *palette* de la nature, et l'on voit que la bonté du Créateur a voulu faire naître les fleurs pour plaire à l'homme, et décorer son séjour; mais l'on ne peut jouir entièrement de l'agrément des fleurs et de leurs variétés si l'on se borne à les admirer. Dans un parterre, l'homme en aurait-il réuni tant d'espèces s'il n'avait remarqué dans ses promenades qu'elles embellissent les vallées, les montagnes, que les prairies en sont émaillées, qu'on les trouve répandues avec profusion dans les bois, sur la cime des arbres et sur l'herbe qui rampe? Le charme en est si sûr que la plupart des arts qui veulent plaire empruntent leur secours : la sculpture les imite dans ses ornements les plus légers; l'architecture embellit souvent de feuillages et de festons les colonnes et les façades de ses édifices; les plus riches broderies présentent presque toujours à l'œil charmé des feuillages et des fleurs; les plus magnifiques étoffes en sont parsemées, et leur principal mérite est d'imiter parfaitement la variété de leurs brillantes couleurs, et de les nuancer avec habileté. Quand la sagesse divine veut nous donner une idée de son éclat, de sa beauté, de sa magnificence, c'est toujours des fleurs qu'elle emprunte l'allégorie. L'usage des fleurs, de la *rose*, du *myrte*, qui, d'après les traditions les plus anciennes, étaient destinés aux *rits sacrés*, eut lieu dans les actions ordinaires de la vie. On commença à les employer dans les funérailles et les jeux qui en étaient la suite; dans les *hyménées*, la jeune vierge qui va prendre un époux est toujours couronnée de fleurs; les *saturnales*, jours de fête chez les Romains, que l'on pourrait comparer pour l'extravagance à notre *carnaval;* les saturnales, dis-je, n'auraient point été complètes si on n'y eût prodigué des roses. Les fleurs sont encore, dans certains pays, les interprètes des sentiments les plus tendres; elles ont un langage que l'amour connaît, une expression qu'il reçoit avec transport ou tristesse. Dans notre pays même, l'offrande d'un bouquet artistement composé est une attention que la galanterie emploie, et à laquelle la coquetterie n'est pas insensible; l'amitié met aussi les fleurs à contribution pour les fêtes que l'on veut souhaiter à ceux qui nous intéressent; l'amour des fleurs est si généralement répandu, et leur privation paraît si sensible, que pour franchir plus patiemment la saison qui sépare de l'époque du printemps, où elles paraissent avec tout leur éclat, on les cultive dans des serres chaudes, où l'on rapproche pour elles, par une imitation artificielle, la chaleur vivante du soleil. Enfin on aime tellement leurs formes gracieuses, leurs couleurs variées, que l'adresse de quelques ouvrières est parvenue à les imiter d'une manière surprenante; et la durée de ces fleurs artificielles permettant de les employer pour des usages d'agrément, elle viennent embellir et ajouter aux charmes des jeunes dames, avec lesquelles elles rivalisent pour la fraîcheur. On a même poussé l'art jusqu'à donner à ces imitations de la nature l'odeur des fleurs véritables dont elles sont les copies.

Mais, dit Victor, comment cela est-il possible, mon papa? J'ai déjà bien de la peine à comprendre comment on a pu parvenir à si bien imiter les fleurs; et quoique je ne sache pas avec quoi on les imite, j'en ai cependant vu auxquelles on aurait pu se méprendre; mais pour l'odeur... — La sensualité et l'adresse ont tiré parti de tout ce qui existe pour contribuer à l'agrément des hommes; aussi, non content d'imiter l'éclat fugitif des fleurs et leurs formes gracieuses, on est parvenu à tirer de leur sein les odeurs parfumées dont elles embaument l'air, et de les fixer sous le nom d'*essences*, par des procédés que la *chimie* est parvenue à découvrir. On extrait des fleurs ce parfum volatil qui nous transmet les plus suaves odeurs; les mouches à miel nous ont peut être montré l'art de recueillir les odeurs dont elles nous ont laissé la propriété, se contentant de récolter ce qui peut satisfaire le goût. Des préparations si suaves se font de préférence dans les contrées où les fleurs doivent un parfum plus fort à la chaleur du climat. En Provence, où il y a beaucoup d'*orangers*, on s'occupe particulièrement du soin de fabriquer des essences et des eaux de senteur; on en répand quelques gouttes sur les fleurs artificielles, qui se font avec des petits morceaux de batiste, ou des rognures d'étoffes extrêmement déliées, dont l'art tire un ingénieux parti. Le commerce de ces bagatelles produit des sommes considérables, tant est répandu le goût des fleurs et de leurs imitations. Les Français et les Italiens excellent dans ce genre; la gourmandise fait aussi son profit de tous les avantages qu'elle peut tirer des fleurs; il n'est aucun de vous qui n'ait savouré avec délices ces excellents massepains de fleur d'oranger, ces délicieuses conserves de rose ou de violette, où le parfum est uni au bon goût.

Je trouve, dit Auguste, que le miel est une très bonne chose; mais j'aime encore bien mieux le sucre. Vous ne nous avez pas dit, mon papa, dans quelle fleur il se trouvait. — Ce n'est pas une fleur qui donne le sucre, mon ami, mais une espèce de *roseau* que l'on nomme *canne à sucre ;* ce roseau s'élève quelquefois à plus de neuf pieds; il est creux en dedans, et se remplit d'une espèce de moelle liquide dont on tire le sucre. — Je n'ai jamais vu de ces roseaux. — Je le crois bien, puisqu'il n'y en a point dans ce pays-ci : la canne à sucre croît naturellement dans les Indes, les îles Canaries, et les pays chauds de l'Amérique. Ce roseau est d'un vert tirant sur le jaune; les nœuds qui marquent sa tige sont environ à quatre doigts les uns des autres, saillants, en partie blanchâtres et en partie jaunâtres; de ces nœuds partent des feuilles qui tombent à mesure que la *canne* mûrit; et lorsqu'elle se couronne de feuilles à son sommet elle approche de sa maturité. Alors elle est jaune et pesante; son écorce est lisse, et la matière spongieuse de l'intérieur se brunit; la tige soutient à son sommet une particule de fleurs semblables à celles du roseau ordinaire; sa racine est épaisse et fibreuse; elle se plaît dans les terrains gras et humides. — Mais comment ces *roseaux* peuvent-ils donner le sucre qui est si dur et si blanc? — Par des préparations qui consistent à prendre les cannes lorsqu'elles sont mûres : on les coupe très près de la racine, et on en rejette les feuilles; on broie ensuite les cannes sous des rouleaux de bois très dur qui en expriment une liqueur douce, visqueuse, appelée *miel de cannes;* on la fait cuire ensuite, et au moyen de l'*ébullition* et des matières que l'on y mêle, on lui donne la consistance du sucre; par d'autres préparations, on lui donne la dureté et la blancheur qui nous charment. Avant la découverte de l'Amérique, on ignorait en Europe l'usage de cette denrée, si agréable au goût et si stomachique qu'il n'est presque point de remèdes où la médecine ne l'emploie.

Les *confiseurs* doivent toute leur importance à cette agréable production, puisque c'est elle qu'ils emploient pour conserver les fruits sous le nom de confitures. Les sirops, les liqueurs, les marmelades, et toutes ces sucreries auxquelles on est parvenu à donner des formes si agréables et si variées, ont exercé le talent du confiseur. Mais si la sensualité se félicite d'une fabrication aussi agréable pour elle, combien la philanthropie n'a-t-elle pas à regretter que la découverte de l'Amérique, en nous procurant des jouissances de plus, ait amené l'odieux trafic des *nègres*, qui seuls peuvent cultiver ces denrées précieuses qui enrichissent le commerce? — Mais, mon papa, pourquoi donc les *nègres* peuvent-ils cultiver seuls ces denrées? — Parce qu'étant nés dans un climat brûlant, ils peuvent supporter plus facilement les travaux qu'exige la culture des cannes à sucre, du café, de l'indigo, qui sont les principaux objets qui alimentent le commerce de nos colonies, dont la température est si brûlante que les Européens ont encore bien de la peine à y conserver la vie, tout en se livrant à la plus molle oisiveté; à plus forte raison ne pourraient-ils pas supporter la fatigue du travail, et d'un travail très pénible. — Je commence à regretter que toutes les bonnes choses que j'aime beaucoup coûtent tant de peine à de pauvres malheureux. Mais il me semble que, puisqu'il est impossible de se passer des nègres, on devrait faire avec eux comme on fait en France avec les domestiques, et leur donner de bons gages pour les faire travailler. — Mon ami, la cupidité ne raisonne jamais d'après les principes de la justice, et il a paru bien plus facile à ceux qui avaient des propriétés en Amérique d'acheter de malheureux esclaves pour les faire valoir, que d'établir une convention volontaire et libre des deux côtés; mais des souverains éclairés et amis de l'humanité se sont occupés de ce déplorable commerce pour l'abolir, et et l'on doit espérer qu'avant une époque bien éloignée l'humanité n'aura plus à rougir de la *traite* des nègres. — Qu'est-ce donc que l'on appelle ainsi? — L'abominable coutume d'aller sur les côtes d'Afrique, profiter de l'ignorance des peuplades nègres qui les habitent pour enlever les habitants par ruse, ou en profitant de leur désirs immodérés; car au moyen de quelques pintes d'eau-de-vie ou de bagatelles en verroteries rouges, bleues, etc., dont ils font des parures, on obtient en échange des hommes, des femmes et des enfants. On entassait ces malheureux sur des vaisseaux où l'air et la place qui leur étaient nécessaires pour ne pas périr étaient calculés quelquefois avec tant de parcimonie, que les pauvres nègres entassés, mal nourris, et souvent enchaînés, mouraient avant d'arriver à leur destination. — Quelle cruauté! — Ceux qui arrivaient aux colonies où l'on devait les vendre étaient conduits sur la place du marché, où ils étaient mis à prix, comme tu le vois faire dans les foires pour les animaux; là, sans égard pour leurs supplications, afin qu'on ne les séparât pas des objets qui leur étaient chers, on les entraînait sans pitié chez les maîtres à qui on les avait vendus; et livrés au travail le plus pénible, ils étaient forcés de l'exécuter, sous peine d'éprouver de la part des colons les traitements les plus barbares. — C'est bien affreux! — Les puissances européennes ont rougi de ces attentats qui révoltent l'humanité, et par une résolution généreuse, elles sont convenues à l'unanimité de renoncer à un commerce aussi odieux, et de ne se servir que des nègres que l'on aura engagés librement; mais le mal se fait promptement, et le bien ne s'opère qu'avec lenteur; et il faudra encore bien des années avant que la cupidité puisse être enchaînée par la volonté des souverains qui veulent rendre à l'humanité ses droits. Mais poursuivons l'examen que nous avions commencé.

Nous avons vu que les *fleurs* ont non-seulement des destinations d'*agrément*, mais qu'elles sont utiles pour la santé, et que leurs *infusions*, leurs *décoctions*, prises intérieurement, guérissent beaucoup de maladies; leurs sucs fournissent aussi à la teinture des ressources infinies. Voyons à présent avec la même rapidité, puisqu'il nous est impossible de nous appesantir sur les détails, les merveilles produites par les arbres.

Ils sont les plus gros et les plus élevés des végétaux. On observe dans toutes les productions de la nature qu'elle se plaît à marcher par des nuances insensibles; ainsi on la voit passer de la plante la plus basse à la plus élevée, de l'herbe la plus tendre jusqu'au bois le plus dur : aussi les hommes ont-ils donné aux plantes divers noms, suivant leur état et leurs forces, tels que ceux d'*herbes*, de *sous-arbrisseaux*, d'*arbrisseaux* et d'*arbres*. C'est dans ce géant du *règne végétal* que nous pourrons examiner cette organisation merveilleuse par laquelle les sucs s'élèvent, s'élaborent dans les *plantes*; merveille commune à l'*arbre* comme à l'*herbe* la plus simple.

On remarque, dans un arbre coupé, le *bois*, l'*aubier* et l'*écorce* : toutes ces parties se font voir dans les branches; mais la *moelle*, qui est au centre, s'y fait mieux remarquer. Cette *moelle* est un amas de petites chambrettes séparées par des interstices; on y trouve beaucoup de sève. Autour de cette moelle sont rassemblés, suivant la longueur du tronc, plusieurs *vaisseaux* qui semblent destinés à porter jusqu'à l'extrémité des branches une circulation active, qui, comme dans le corps des *animaux*, donne l'*accroissement* et soutient la *vie*. Les *vaisseaux* propres sont des canaux creux qui s'élèvent dans toute la grandeur de l'arbre, et contiennent le suc qui lui est particulier. Dans les uns c'est une *résine*, matière gluante et *inflammable*, que les sapins donnent en abondance; dans d'autres une *gomme*, dont la peinture, la médecine et l'art du teinturier font usage; dans tel arbre c'est du lait, tels que dans les *figuiers*; un autre donne l'*huile*, quelquefois un miel, un *sirop*, une *manne*. Ce suc, lorsqu'il rompt les vaisseaux qui le contiennent, et s'extravase dans certaines parties de l'arbre, le fait périr, comme dans l'*abricotier*, dont les branches se surchargent de gomme.

Les *vaisseaux lymphatiques* contiennent une *lymphe* qui diffère peu de l'eau pure dans certaines espèces d'arbres. La *vigne* en donne une grande quantité lorsqu'elle pleure au commencement du printemps; mais elle cesse d'en donner quand les feuilles sont épanouies. La même organisation se retrouve dans les *racines*, dans leurs *chevelus*, qui sont aussi déliés que des cheveux, et dans les branches de tous ces *vaisseaux* réunies dans les *pédicules* des feuilles, qui se distribuent en plusieurs gros faisceaux, d'où il part un nombre infini de faisceaux moins gros qui se subdivisent en une infinité de ramifications, et forment un *réseau* qu'on peut regarder comme le squelette des feuilles : les *moelles* de ces *réseaux* si délicatement tissus, sont remplies d'une substance cellulaire.

Les boutons qui sortent des branches et des racines ont la même organisation : ce sont autant de petites plantes entières dont les parties sont repliées les unes sur les autres, et ne se développent que tour à tour. Dans les boutons, comme dans les œufs, et dans les germes des petits animaux, il y a des degrés ou des diminutions d'avancement qui vont jusqu'à l'infini. La prudence du Créateur et sa bonté n'éclatent pas moins dans ces ménagements que sa puissance, puisque non-seulement il nous donne d'excellents fruits pendant l'année, mais qu'il en réserve une récolte toute semblable pour l'année prochaine, et qu'en empêchant, par des préparations inégales, tous les boutons de s'ouvrir à la fois, il assure à notre consommation journalière des provisions inépuisables. C'est pendant le cours de l'été que se forment peu à peu, à la naissance des feuilles, ces boutons d'une forme un peu allongée qu'on aperçoit en hiver sur les jeunes branches. Non-seulement les boutons de chaque genre d'arbre ont des formes particulières, mais les boutons de chaque espèce en ont qui, bien observées, suffisent aux jardiniers qui élèvent des arbres en pépinière pour leur faire distinguer les espèces des boutons qui se trouvent sur le même arbre; les uns sont pointus, et s'appellent *boutons à bois*, parce qu'il en sort des branches; les autres sont plus gros et plus arrondis : ils fournissent les fleurs, et on les nomme *boutons à fruits*. Les plantes annuelles, qui ne sont vivaces que par leurs racines, ne portent point de boutons sur leurs tiges; elles en ont seulement sur leurs racines.

Les hommes, voulant mettre à profit les dons de la bienfaisante nature, se sont efforcés de multiplier les arbres qui méritaient de l'être par la qualité du bois, la bonté des fruits, la beauté des fleurs et celle du feuillage; ils ont même perfectionné la nature; l'homme cultivateur a su découvrir le secret admirable de la *greffe*. Avec quel plaisir ne voit-on pas, par cette opération, un mauvais arbre se changer en un plus parfait, ou le même arbre porter différentes espèces de fruits?

Mais comment cela se peut-il, demanda Gustave? — Cet art, dont l'origine est pour ainsi dire le berceau de l'agriculture, consiste à adapter ou une *branche*, ou un *bouton* avec son écorce, sur l'arbre que l'on veut perfectionner ; il est nécessaire que le *sauvageon*, ou jeune arbre que l'on veut *greffer*, soit d'une nature analogue avec la *greffe* de l'arbre, que l'on y insinue au moyen d'une fente que l'on fait dans l'écorce du sauvageon, et que l'on fixe ensuite avec un peu de chanvre: aussi faut-il que les fruits à *noyaux* soient greffés sur des sauvageons à *noyaux*, et les fruits à *pépins* sur des espèces analogues. Qui ne serait pénétré d'admiration en voyant combien la culture peut contribuer à l'amélioration des fruits? — Elle est à cet égard comme l'éducation qui développe et perfectionne les qualités morales d'un enfant, que l'on peut regarder comme le *sauvageon* de l'epèce humaine, mais pour qui les bienfaits de la *culture* que l'on donne à son esprit et à son cœur le mettent à même de figurer avec distinction dans la société pour laquelle il est est né.

La preuve que l'organisation des arbres a quelques rapports avec l'organisation animale, c'est qu'ils sont sujets à des maladies et à la mort. Souvent l'arbre tombe en langueur ou éprouve une espèce de *rachitisme* qui l'empêche de prendre son accroissement ordinaire ; d'autres fois des excroissances gênent la circulation de sa sève, et nuisent à la qualité de ses fruits ; d'autres fois encore il se fait des épanchements extérieurs qui énervent l'arbre et lui font perdre toute sa vigueur. Les jardiniers habiles sont les *médecins* qui savent remédier ou prévenir ces sortes de maladies, en dirigeant la *taille* des arbres de manière à lui rendre plus de force ; car, pour concourir à la beauté des fruits, l'art du jardinier n'est pas inutile, puisque deux fois par an il débarrasse les arbres d'une végétation qui l'énerverait. On retranche donc de l'arbre des branches que l'on appelle *gourmandes*, parce que, si on les laissait croître, elles absorberaient, dans leur accroissement inutile, la sève nécessaire pour grossir le fruit. Vous voyez combien de détails peuvent intéresser l'observateur de la nature, puisqu'ils tendent tous à perfectionner la bonté et la beauté des fruits qui font nos délices.

Que de phénomènes la nature n'offre-t-elle pas à nos méditations ! Ce n'est pas assez de la suivre dans son cours ordinaire et régulier, c'est en essayant de la dérouter qu'on peut connaître toute sa fécondité et ses ressources.

Mais une chose extraordinaire, c'est la

puissance que les plus petits insectes exercent sur des objets dont ils ne feraient pas la millionième partie. Les *vers*, les *chenilles*, les *fourmis*, les *pucerons*, par leurs attaques réitérées, produisent des maladies qui font quelquefois périr les arbres. Les *chenilles*, en dévorant les feuilles, le privent d'un abri qui le garantissait des ardeurs du soleil; le *ver*, en s'insinuant dans le fruit, pique le cœur et le fait tomber avant sa maturité, ou, s'il y arrive, il est toujours d'une mauvaise qualité; la *fourmi*, en placant trop près des racines son asile, entrave, par son dangereux voisinage, la circulation, qui devait alimenter jusqu'aux petites branches de l'arbre; des *pucerons* leur causent aussi un grand dommage, et l'on est tout étonné de rencontrer dans les bois de très gros arbres percés d'une multitude de petits trous causés par des *vers* rouges qui les attaquent, s'y insinuent, et les affaiblissent au point que le vent les renverse ensuite facilement.

Si je voulais vous faire la nomenclature de toutes les espèces d'arbres connues, je m'engagerais dans des détails au-dessus du temps que nous pouvons consacrer à cet entretien. Je vous observerai seulement que, dans les quatre parties du monde, la bonté prévoyante du Créateur a placé des espèces d'arbres analogues aux climats et aux besoins des hommes qui les habitent. Ainsi, dans les pays brûlants placés sous la zone torride, partout le *cocotier* offre ses richesses aux habitants. Son fruit est précieux par sa grande utilité et ses qualités *nutritives* et rafraîchissantes, et l'arbre qui le porte mérite une description particulière, puisqu'il pourvoit lui seul aux besoins d'un petit ménage, en lui donnant l'*aliment*, la *boisson*, les *meubles*, la *toile*, et un grand nombre d'ustensiles. Cet arbre, qui est du genre des *palmiers*, est d'une médiocre grosseur, mais devient très élevé. Il est quelquefois moins gros au milieu qu'à ses extrémités; il pousse peu avant dans la terre sa principale racine, mais elle est entremêlée d'une quantité d'autres plus petites, toutes entrelacées, qui aident à fortifier l'arbre. Sa tête est terminée par des feuilles fort longues et épaisses à proportion, dont le milieu est fort épais. Ses fleurs sont semblables à celles de tous les palmiers; à ces fleurs succèdent un groupe de *cocos* qui sont les fruits de cet arbre. Ce fruit est plus gros que la tête d'un homme, ovale, quelquefois rond. Trois côtes, qui suivent toute sa longueur, lui donnent une forme triangulaire. Ces côtes forment une enveloppe dont la noix de *coco* sort en grandissant. Le bout par lequel la noix est attachée à la branche a trois ouvertures rondes, de deux à trois lignes chacune de diamètre, qui sont fermées et remplies d'une matière grisâtre, spongieuse comme du liége, par lesquelles le fruit tire sa nourriture de l'arbre. La coquille de cette noix est grosse, dure, ligneuse. On la travaille pour différents usages; avec les coquilles de *coco* on fait toutes sortes de petits meubles qui acquièrent un très beau poli. Lorsque cette noix n'est pas encore mûre, on en tire une assez grande quantité d'une liqueur extrêmement rafraîchissante connue sous le nom de *lait de coco.* Si le fruit a pris son accroissement, la moelle que renferme l'écorce prend de la consistance, devient bonne à manger, et prend un goût qui approche de celui de l'amande. Les *Indiens* retirent de cette moelle ou amande de cocos frais une huile bonne à brûler, ainsi que pour faire cuire le riz et d'autres usages. La coque qui enveloppe la noix est épaisse et couverte d'une peau mince et lisse, grise à l'extérieur, mais garnie en dedans d'une espèce de bourre rougeâtre et filandreuse, dont les Indiens font de la ficelle, des câbles et des cordages de toute espèce. On s'en sert aussi, de préférence à l'*étoupe*, pour calfater les vaisseaux, parce qu'elle ne pourrit pas si vite.

Comme le cocotier fleurit tous les mois, il

paraît toujours couvert de fleurs et de fruits qui mûrissent alternativement. Les habitants des contrées où il croît se servent des feuilles pour couvrir les maisons, faire des voiles de navires; on dit même qu'elles leur servaient autrefois de papier ou de parchemin pour écrire les faits mémorables et les contrats publics. Les branches feuillées servent à faire des parasols et des nattes grossières. La partie de l'arbre d'où sortent les branches feuillées est environnée de plusieurs couches de fibres en réseaux qui peuvent tenir lieu de tamis pour passer les liquides, et jusqu'à la sciure de ses branches peut être employée pour faire de l'encre. Les Indiens montent sur les troncs des palmiers en fleurs à l'aide de petits échelons faits avec du jonc. Ils coupent le bout du rameau où devaient naître les jeunes *cocos*, et à leur place on adapte un petit pot de terre dans lequel tombe la sève destinée à l'accroissement du fruit qu'on a retranché : c'est ce qu'on nomme *vin de palmier*, dont la saveur est si agréable et si rafraîchissante. Lorsqu'il est tout frais, il sert de boisson; si on l'expose au soleil, il aigrit promptement, et donne un fort bon vinaigre. Le sommet de l'arbre est une espèce de *chou palmiste*, très bon à manger. On emploie le bois du cocotier à la construction des maisons et des navires. Vous voyez, mes enfants, que c'est un arbre dont toutes les parties sont utiles, et dans lequel rien n'est perdu.

Je pourrais vous en citer beaucoup d'autres qui réunissent tous des avantages à un degré moins éminent que le palmier peut-être; mais qui pourrait ne pas contempler avec admiration les magnifiques orangers dont les délicieux bocages présentent à nos regards les pommes d'or qui désaltèrent notre soif, après avoir charmé nos yeux, et dont la fleur si suave semble annoncer par l'agrément de son parfum toute l'excellence du fruit qui doit lui succéder?

Le *châtaignier*, moins brillant, n'en est pas moins utile, puisque son fruit nourrit le pauvre dans beaucoup de pays, et que son bois, très propre à la construction des maisons, passe pour avoir l'avantage d'être inaccessible aux vers.

Le *noyer*, dont le fruit produit une huile si utile, est le bois des meubles légers et agréables.

L'*olivier*, dont le feuillage est le symbole de la paix, et le fruit qui nous donne une huile si estimée, fait la richesse du pays où il croît. Le *chêne* enfin, dont les premiers habitants du monde tiraient leur nourriture, et mangeaient le gland qui maintenant est livré à l'avidité des *pourceaux;* le chêne, dis-je, dont la cime majestueuse s'élève avec vigueur, alimente les chantiers où l'on construit les vaisseaux, et par son incorruptibilité et sa solidité devient la base nécessaire de toutes les constructions. Que de richesses! que de variétés! et comment l'homme pourrait-il être assez ingrat pour refuser à l'auteur de tant de bienfaits le juste tribut de sa reconnaissance?

Remarquez ensuite, mes enfants, avec quelle admirable harmonie toutes les productions de la terre se coordonnent! combien ces immenses forêts qui fournissent à nos chantiers les bois nécessaire à la marine, et à nos maisons des moyens de nous garantir du froid, ajoutent encore de charmes à la beauté des paysages, en variant l'uniformité des plaines, qui dégénèreraient bientôt en monotonie, si d'un seul coup d'œil on pouvait embrasser toute leur étendue! Ces forêts contribuent donc à l'agrément et à l'utilité; elles sont nécessaires même à la santé, en répandant des émanations balsamiques et essentiellement vitales.

— Mon papa, dit Auguste, est-il vrai que les arbres attirent le tonnerre, et qu'il ne faut jamais chercher un abri sous leur feuillage lorsqu'il fait des orages? — La forme pyramidale des sapins, des peupliers, les rend très dangereux en effet. Les autres arbres présentent aussi un grand inconvénient; car le mouvement continuel des feuilles attire les nuages chargés de la matière électrique qui s'enflamme, sort du nuage avec violence, et présente les phénomènes les plus extraordinaires en tombant sur la terre avec une incroyable vitesse. Il ne peut être que fort dangereux de s'exposer à un aussi terrible voisinage. Les gens de la campagne, que leurs travaux exposent à être souvent surpris dans les champs par des orages, sont fréquemment les victimes des effets singuliers du tonnerre, en cherchant à s'en garantir par l'abri des arbres; et ils paient bien cher leur fatale inexpérience. — Oh! je voudrais bien savoir avec quoi est fait le tonnerre! — C'est une matière qui se compose des exhalations de la terre, combinées et rendues inflammables par la compression qu'elles éprouvent dans les nuages qui les recèlent. L'agitation continuelle qu'elle reçoit accélère son embrasement jusqu'à ce qu'elle soit enflammée; elle roule avec fracas dans les nuages qui sont ses enveloppes. Les pays dont il s'exhale des émanations *sulfureuses* sont plus sujets aux éclairs, au tonnerre, aux tremblements de terre, que les autres : l'*Italie* en fait la preuve. La science appelée *physique*, qui s'est attachée particulièrement à deviner les secrets de la nature, est parvenue à découvrir comment était formé le tonnerre, et quelle matière en était la base; de sorte que les savants, en combinant les mêmes matières, sont parvenus à obtenir les mêmes effets ; et non-seulement ils sont parvenus à faire gronder le tonnerre, mais encore à le faire tomber. — Beau miracle, vraiment! ils auraient bien mieux fait de chercher les moyens de l'empêcher de tomber. — Il y a des effets de la nature qu'il n'est pas au pouvoir de l'homme d'empêcher; mais, par une suite des mêmes études, les savants sont arrivés à la possibilité de diriger le tonnerre, et par conséquent d'atténuer ses dangereux effets. — Et comment cela, mon papa? — Par le moyen de l'*aimant*, pierre ferrugineuse qui se trouve dans les *mines* de fer; comme cette pierre a des effets très singuliers qu'elle communique au fer préparé pour les recevoir, on a trouvé qu'une barre de fer très élevée, que l'on avait eu soin d'*aimanter*, c'est-à-dire de rendre *attractive*, avait la propriété d'attirer le tonnerre. Alors on a donné à ces *aiguilles* le nom de *paratonnerre*, et on en a placé sur les bâtiments où la foudre pourrait faire le plus de ravages en tombant. On a le soin d'adapter à cette barre de fer une petite chaîne que l'on appelle *conducteur*, et qui va se perdre dans un puits perdu, ou un lieu qui n'offre aucun danger. La vertu attractive de la barre de fer *aimantée* attire la matière qu'on appelle *électrique*, et qui n'est autre chose que la composition du tonnerre; il tombe et suit la direction que lui imprime par la même raison la chaîne du *conducteur*. Forcé par ce moyen d'obéir à une impulsion *dirigée*, les effets du tonnerre ainsi attiré ne peuvent être nuisibles.

Mon Dieu! dit Victor, que de choses l'on peut donc apprendre depuis que mon papa veut bien causer avec nous de tout ce que nous ignorons! j'ai vraiment appris des choses bien merveilleuses, et cette propriété de l'aimant n'est pas celle qui me paraît le moins extraordinaire. Si vous vouliez, mon papa, nous parler bien en détail de cette pierre étonnante, cela me ferait beaucoup de plaisir! — Je le ferai volontiers, mon ami, quand nous serons arrivés à l'examen du règne *minéral*, dont cette pierre fait partie; et je pense que ce sera la première fois que nous pourrons consacrer notre promenade à cet objet. Pour aujourd'hui, j'abandonne avec regret le vaste champ où je pourrais promener votre imagination : mais, je vous le répète, mon intention, en vous faisant, pour ainsi dire, effleurer ces sujets d'étude si intéressants, est de vous en faire sentir l'utilité et l'agrément, et de vous inspirer le goût de les approfondir, lorsque votre intelligence, plus développée, en sentira mieux tous les avantages. Jusqu'à cet instant, si j'approfondissais plus les sujets que je vous fais passer en revue, je risquerais de n'être pas compris par vous, et par conséquent je prendrais une peine sans fruit, ou je pourrais fort bien vous ennuyer. Attendons donc encore quelques années, pour arriver à des détails plus étendus.

— Quoi! s'écria Auguste, il me faudra attendre des années pour connaître ce qui me paraît être d'un vif intérêt? — Mon ami, pour bien savoir, il ne faut apprendre que quand on peut bien profiter. — Mais j'ai des années de plus que mes frères, et il serait de toute injustice de me faire attendre que Victor puisse comprendre ce que bien certainement je comprendrai avant lui. — Je tâcherai de trouver des moyens pour que ce qui instruira l'un n'ennuie pas l'autre; mais, malgré la très bonne opinion que tu as de toi-même, je ne suis pas bien convaincu que tu sois capable de fixer ton attention autant qu'il serait nécessaire pour profiter de pareilles études. La petite famille termina sa promenade, et Victor, qui avait sur le cœur l'espèce de reproche que son frère lui avait fait, forma le projet d'aller furtivement dans la bibliothèque de son père, de s'emparer alternativement de tous les volumes d'histoire naturelle que M. de Buffon a écrits, et de se mettre à même, par cette lecture, de prouver qu'il pouvait atteindre à la supériorité qu'Auguste croyait avoir sur lui. Satisfait de ce projet, il ne tarda pas à le mettre à exécution, et il avait déjà lu avec attention deux volumes, lorsque le moment d'une nouvelle promenade arriva.

CHAPITRE VII.

M. de Lormeuil dirigea à dessein la promenade de ses enfants du côté d'une carrière d'où l'on tirait des pierres énormes ; ayant choisi pour s'asseoir un emplacement qui ne les privait pas de voir les travaux des ouvriers, M. de Lormeuil leur parla ainsi :

Vous voyez, mes bons amis, des richesses d'un nouveau genre, mais qui ne peuvent être arrachées à la terre qu'avec des peines infinies. Les *carrières*, dont vous voyez en ce moment une des plus abondantes, contiennent les pierres qui servent à construire les murs qui soutiennent nos maisons, et forment les enclos qui nous garantissent contre les malintentionnés. Ces pierres que vous voyez extraire de ces excavations sont quelquefois trop énormes pour que des hommes puissent les enlever de leurs retraites; mais où la *force* manque, l'*adresse* et l'*intelligence* peuvent suppléer. Aussi, par le moyen de la poudre à canon, on fait sauter par éclats les blocs énormes dont l'épaisseur et la solidité semblent être l'ouvrage des siècles accumulés; de là viennent ces excavations souterraines, qui existent presque toujours auprès des grandes villes. Dans les temps calamiteux de guerre, elles ont souvent servi de refuge à ceux qui fuyaient pour éviter les dangers du pillage.

Il y a plusieurs espèces de carrières, car des unes on tire le marbre, et elles s'appellent *marbrières;* celles d'*ardoises* se nomment *ardoisières*, et celles de *plâtre*, *plâtrières*. Le marbre sert à la sculpture, et est employé pour les édifices où l'on veut étaler de la magnificence; l'ardoise couvre le toit des maisons, et le plâtre est d'un usage indispensable pour faire le mortier qui lie et consolide les murs. Vous voyez dans cette partie de richesses contenues dans le sein de la terre combien on rencontre d'utilité, et il paraît que le sol où l'on établit ces carrières se métamorphose en pierres, avec la lenteur de beaucoup de siècles; car un observateur a remarqué qu'en Touraine une partie du sol qui avoisinait son château s'est changée en pierres tendres, dans un espace de quatre-vingts ans. Il a fait bâtir avec cette pierre, qui est devenue très dure étant employée. La libéralité de la nature n'est pas moins grande dans certains pays où elle a placé des *mines* ou carrières de sel qui suppléent, pour les usages communs de la vie, au sel que l'on tire de la mer.

Mais si nous essayons de parcourir tous ces *minéraux* si multipliés dont les uns alimentent la richesse et l'opulence, les autres enrichissent la médecine et la physique, les autres contribuent à la fabrication des métaux, quel nouveau champ s'offre à notre admiration !

Les *diamants*, si recherchés, que l'on paie à raison de leur grosseur, de leur régularité et de la perfection de leur eau; cette pierre est la plus pure, la plus dure, la plus pesante, la plus *diaphane* étant polie.

— Qu'est-ce donc qu'être *diaphane?* demanda Gustave. — C'est ce qui est si transparent qu'on aperçoit à travers la clarté de la lumière. — Et vous dites, mon papa, que cela se trouve dans la terre? Les boucles d'oreilles de maman sont de diamant, n'est-ce pas? — Oui, mon ami; mais il ne se trouve pas dans la terre comme tu le vois employé; car on présume que les diamants ont été primitivement des gouttes d'eau cristalisées qui se sont pétrifiées, c'est-à-dire qui ont acquis la dureté de la pierre; aussi tous les diamants commencent par être bruts, et sont enveloppés d'une croûte grisâtre et souvent grossière qui laisse à peine apercevoir quelque transparence dans l'intérieur de la pierre. Cette pierre précieuse est si dure qu'elle résiste à la lime, et acquiert la propriété de reluire dans l'obscurité, soit en la frottant contre un verre, soit en l'exposant quelque temps aux rayons du soleil. Comme la plupart des pierres transparentes, le diamant a la propriété d'attirer, immédiatement après avoir été frotté, la paille, les plumes, les feuilles d'or, le papier, la soie et les poils. Il y en de plusieurs couleurs : le *rubis*, qui est d'un rouge pourpre; le *saphir*, qui est d'un beau bleu; l'*émeraude*, qui est d'un beau vert; l'*améthyste*, qui est d'un violet clair; la *topaze*, qui est jaune; mais le plus beau et le plus estimé est le diamant blanc.

Les plus belles *mines* de diamants et les plus riches sont en Asie, dans les royaumes de Golconde et de Visapour, au Bengale, sur les bords du Gange, et dans l'île Bornéo. Dans les environs de Golconde, la terre est sablonneuse, pleine de rochers et couverte de taillis. Les rochers sont séparés par des veines de terre d'un demi-doigt et quelquefois d'un doigt de largeur. C'est dans cette terre que que l'on trouve les diamants. Les mineurs la tirent avec des fers crochus, ensuite on la lave dans des vases pour en séparer les diamants. On répète cette opération jusqu'à ce qu'on se soit assuré qu'il n'en reste plus. Il y a une de ces mines qui occupe jusqu'à soixante mille ouvriers, tant hommes que femmes et enfants. Il y a encore une matière bien singulière qui se trouve dans le sein des rochers, et que l'on appelle *cristal de roche*. On perce souvent les rochers pour entrer dans les cavernes qui le contiennent. On soupçonne, avec assez de vraisemblance, le cristal de roche d'être la base de toutes les pierres précieuses; car réellement il n'en diffère que par la dureté; aussi, lorsqu'il est coloré, on l'appele du nom de la pierre précieuse à laquelle il ressemble, en y ajoutant l'épithète de *faux*. Le cristal de roche se trouve dans toutes les parties du monde où il y a des montagnes en *chaîne*, et dans des grottes ou des cavernes abreuvées d'eau. Ils pendent aux voûtes supérieures, tapissent aussi les parois des cavernes. Il en vient des Indes et du Brésil ; en Europe, c'est le mont Saint-Gothard qui en fournit la plus grande partie. Le cristal se tire quelquefois en pierres très volumineuses, et l'on en a trouvé de pures et sans défauts qui pesaient jusqu'à cinq cents livres.

Le *règne minéral* se divise en beaucoup de parties ; il comprend les *métaux*, dont le plus précieux dans l'opinion est l'*or*, et le plus utile en réalité est le *fer*. L'*argent* est un métal blanc, qui, après l'or, est le plus parfait, le plus beau et le plus précieux des métaux.

On trouve quelquefois de l'argent pur, formé naturellement dans les mines ; mais le plus souvent il est mêlé avec des matières étrangères dont on le sépare par des opérations que l'art a su combiner. On le trouve sous diverses formes et sous différentes couleurs très variées.

Il y a des mines d'argent dans les quatre parties du monde, mais l'Amérique est la plus riche dans ce genre. On ne peut songer sans frémir à quels danger s'exposent les hommes pour arracher les métaux des entrailles de la terre. Je vais vous faire, mes enfants, la description d'une mine d'argent qui existe en Suède ; cela vous donnera une légère idée de toutes les autres.

On descend dans cette mine par trois larges

bouches semblables à des puits dont on ne voit pas le fond. La moitié d'un tonneau, soutenue par un câble, sert d'escalier pour descendre dans ces abîmes, au moyen d'une machine que l'eau fait mouvoir. La grandeur du péril se conçoit aisément, puisqu'on n'est qu'à moitié dans un tonneau, et que l'on ne porte que sur une jambe. On a pour compagnon un homme noir comme un forgeron, qui entonne tristement une chanson lugubre, et qui tient un flambeau à la main. Quand on est au milieu de la descente, on commence à sentir un grand froid : on entend des torrents qui tombent de toutes parts; enfin, après une demi-heure, on arrive au fond d'un gouffre. Alors la crainte se dissipe; on n'aperçoit rien d'affreux : au contraire, tout brille dans ces régions souterraines; on entre dans une espèce de grand salon, soutenu par des colonnes de mine d'argent; quatre galeries spacieuses y viennent aboutir. Les feux qui servent à éclairer les travailleurs se répètent sur l'argent des voûtes et sur un ruisseau qui coule au milieu de la mine. On voit là des gens de toutes les nations; les uns tirent des chariots, les autres roulent des pierres : chacun a son emploi. C'est une ville souterraine : il y a des maisons, des cabarets, des écuries et des chevaux. Mais ce qu'il y a de plus singulier, c'est un moulin à vent, mis en mouvement par un courant d'air; le moulin va continuellement dans cette caverne, et sert à élever les eaux, qui incommoderaient les *mineurs.*

— Mon Dieu! mon papa, il me semble entendre raconter un conte de fée, en écoutant ce que vous dites. — La nature offre tant de merveilles qu'il n'est pas étonnant qu'elles excitent ta surprise; mais, mon ami, combien toutes ces richesses, et les moyens de les utiliser, ont fait perdre la vie à de pauvres Indiens! — Comment cela, mon papa? — C'est en Amérique, où les mines sont les plus productives, et dans le *Potosi :* il y a des mines à à exploiter, où le travail devient funeste aux ouvriers, à cause des exhalaisons qui sortent de la mine. On rencontre même quelquefois des veines métalliques qui rendent des vapeurs si pernicieuses qu'elles tuent sur-le-champ, et qu'on est obligé de les refermer.

On oblige les paroisses des environs du Potosi, de fournir tous les ans un certain nombre d'Indiens pour le travail des *mines.* Ils partent avec leurs femmes et leurs enfants. A peine sont-ils arrivés qu'ils descendent tout nus dans les horreurs de ces tombeaux métalliques, où ils ne voient pas le jour. Au bout d'une année de travaux, on permet à ces infortunées victimes de revenir à la surface de la terre et à leurs habitations. Presque tous les ouvriers qui ont travaillé pendant un certain temps aux mines sont perclus de tous leurs membres, et l'humanité frémirait d'apprendre combien de victimes ce genre de travail peut faire. Heureusement il existe dans ce pays une herbe nommée l'herbe du *Paraguai*, que les *mineurs* mâchent comme du tabac, et prennent en infusion. Sans ce secours, on serait obligé d'abandonner la mine.

Le *cuivre* est de tous les métaux imparfaits celui qui approche le plus de l'or et de l'argent pour ses qualités; il est très sonore et très dur; il se trouve dans la terre sous diverses formes, et sous un nombre infini de couleurs, mêlé et combiné avec d'autres matières. Il est de tous les métaux celui dont les mines sont les plus variées; car il se rencontre rarement sous la véritable forme métallique. On le trouve encore plus souvent que le *fer*. Les mines de cuivre sont presque toujours chargées de *soufre*, d'*arsenic*, de parties *ferrugineuses*, et d'une portion d'argent. Il a été le premier métal découvert par les anciens. Les Romains ont eu l'art de le durcir et de l'amener jusqu'à l'état de l'*acier*, à l'aide de la trempe et du marteau. Ils faisaient avec cette matière des instruments de première nécessité, tels que des *charrues*, des *couteaux*, des *haches*, des *épées*, etc.

Il y a des mines de cuivre dans toutes les parties du monde connu : elles sont disposées par *sillons* qui pénètrent la terre à des profonfondeurs extrêmes.

— Mais, mon papa, dit Auguste, je sais bien que notre batterie de cuisine est en cuivre ; pourquoi les chaudrons sont-ils jaunes, et les marmites sont-elles rouges ? Il y a donc du cuivre de deux couleurs ? — C'est que le cuivre mélangé avec d'autres substances donne pour ainsi dire naissance à d'autres métaux, dont quelques-uns sont d'une grande beauté. Fondu avec le *zinc*, il donne le *similor*, et ressemble beaucoup à l'or ; avec la *calamine*, il forme le *cuivre jaune* ou *laiton* ou *airain* : par cet alliage, il devient capable de se bien mouler ; étant fondu, il prend fidèlement les traits que l'on veut lui imprimer. Le *laiton* étant poli, prend l'éclat de l'or ; on en garnit des meubles ; on en fait des ornements de pendule, sous mille formes gracieuses. On fait mille choses utiles avec le cuivre, tous les rouages d'horlogerie, les instruments de mathématiques, etc. Lorsqu'il est allié avec de l'*étain*, il produit le *bronze*, et c'est avec cette matière que l'on coule les statues, les canons et les cloches; on en fait des monnaies, des médailles, et tout ce qui sert à perpétuer les grands événements; on en fait, sous la forme de laiton, jusqu'à des cordes de piano et d'autres instruments; on l'emploie aussi pour faire les planches de gravures.

Il est fâcheux que ce métal joigne à tant d'utilité beaucoup de dangers; car, par suite des usages auxquels on l'emploie, on est souvent empoisonné. Le moindre acide qui se trouve dans du cuivre produit le *vert-de-gris*, et cette substance tue. Aussi l'on a vu plus d'une fois d'imprudentes cuisinières empoisonner des familles entières pour avoir eu la négligence de laisser refroidir dans les vases qui leur avaient servi à faire la cuisine les aliments qu'elles avaient préparés. Dans les ateliers en grand où l'on façonne le cuivre, on y respire une forte odeur, due aux émanations de ce métal, et qui est fort dangereuse: les ouvriers ont leurs cheveux, la peau du visage, des mains, et les ongles colorés en vert. Si l'on avale, par malheur, du vert-de-gris on ressent de violentes douleurs dans l'estomac; des coliques, des vomissements, des sueurs froides, des convulsions, et enfin la mort, sont les terribles suites de ce poison lorsqu'on n'y oppose pas des remèdes très prompts; encore quelquefois sont-ils inutiles.

Le *fer* est un métal très compact et peu malléable, solide, dur, sonore, et le plus élastique des métaux.

La sage et prévoyante Providence, toujours attentive à pourvoir aux besoins de l'espèce humaine, a su multiplier les productions qui lui sont de première nécessité. Les plus utiles du règne végétal et du règne animal sont aussi les plus communes. Dans le règne minéral, le fer tient un des premiers rangs parmi les métaux nécessaires à l'homme : la nature lui a donné des propriétés sans nombre et très utiles; elle l'a répandu avec profusion dans les entrailles de la terre; il est peu de pays qui n'ait à se féliciter de posséder, dans ses environs, des mines ou des fonderies de fer. Nous en avons beaucoup en France.

Dès les premiers âges du monde, les hommes ont connu le fer. On attribue à Tubalcaïn, sixième descendant de Caïn, l'art de l'avoir utilisé. Le fer n'avait d'abord d'autre usage que de servir à la culture de la terre : le luxe et l'avarice le font servir à fouiller dans les mines; l'ambition et la tyrannie en on fait des armes pour la destruction des humains; le besoin et l'industrie l'emploient à la perfection des arts; il en est l'âme, et l'usage de ce métal s'étend partout.

Lorsque les Espagnols firent la conquête

du *Pérou*, les naturels du pays furent si charmés de l'utilité dont le *fer* pouvait être, qu'ils le préféraient à l'*or* qu'ils possédaient en abondance, mais qui ne peut pas servir aux mêmes usages, parce qu'il n'en a pas la dureté et la solidité ; ils échangeaient volontiers des morceaux d'or, qui flattaient la cupidité du peuple conquérant, contre des *haches* ou d'autres outils qui leur étaient inconnus, mais dont ils sentaient l'avantage.

Le *fer* est attiré par l'*aimant* dont je vous ai déjà parlé. C'est même lui qui a fait découvrir la singulière propriété de cette pierre ferrugineuse; car, si l'on en croit un ancien naturaliste, un berger ayant senti que les clous de ses souliers et son bâton qui était ferré s'attachaient à une roche d'aimant sur laquelle il passait, chercha à approfondir la cause de ce phénomène; et par les découvertes que d'autres sciences amenèrent, on doit à ce *minéral* obscur l'avantage d'avoir établi des communications entre les différentes parties du globe, puisque c'est à l'aimant qu'on doit l'usage de la *boussole* et les immenses avantages qui en résultent pour la navigation.

— Oh! dit Victor, je voudrais bien savoir ce que c'est que cette boussole? — Lorsque je vous donnerai des connaissances plus étendues, mes enfants, je vous en apprendrai l'usage. Quant à présent, je me contenterai de vous dire que c'est par elle qu'on dirige les vaisseaux dont la marche est restée si longtemps incertaine. L'aimant attire le fer à une très grande distance, et demain je vous en ferai faire l'expérience, en plaçant un morceau d'aimant sur une table où il y aura des *aiguilles*; vous verrez les aiguilles s'approcher de l'aimant et s'y attacher fortement; et si vous voulez les en détacher, vous éprouverez une forte résistance.

La médecine a également tiré parti du fer et de l'aimant dans le grand art de guérir; et vous voyez, mes enfants, que tout dans la nature a des propriétés qui ne demandent qu'à être découvertes pour paraître admirables.

L'*étain* est encore un des métaux imparfaits et le plus *mou* après le plomb. Sa couleur est blanche et brillante; il est facile à ternir, mais il ne se rouille pas; plus ce métal est pur, et moins il pèse. C'est le plus léger des métaux; on l'employait jadis beaucoup plus qu'à présent; il servait de vaisselle dans le temps où l'on n'avait pas encore trouvé l'art de faire la porcelaine et la faïence.

Le *plomb* est aussi un métal *mou*, très ductile, que l'on courbe et à qui l'on donne toutes les formes possibles avec une grande facilité; car il est très aisé à fondre. On l'emploie pour conduire les eaux, et l'on en fait des tuyaux pour les fontaines, les pompes et les décorations des jardins.

— Mon Dieu ! dit Victor, quelles richesses, et qu'il faut de temps pour apprendre à les connaître ! — Pour étudier avec plus d'ordre et de fruit, on a classé toutes ces productions de la nature de manière à en faciliter l'étude aux savants; ainsi la science qui embrasse toutes les productions que les trois règnes de la nature présentent s'appelle *histoire naturelle.* La *minéralogie* désigne les *minéraux ;* la *métallurgie* est consacrée aux *métaux ;* la *botanique* concerne les *végétaux.*

Il y a encore une foule d'objets qui se trouvent dans le sein de la terre, pour servir aux besoins des hommes, et qui semblent être emmagasinés pour le moment où ils en auront besoin. Telle est la *houille* ou *charbon de terre,* ou *charbon minéral,* qui est une substance inflammable composée d'un mélange de *terre,* de *pierre,* de *bitume,* et quelquefois de *soufre.* Elle est d'un noir de fumée, feuilletée, et sa nature varie suivant les endroits d'où elle est tirée. Cette matière, une fois allumée, conserve plus longtemps le feu et produit une chaleur plus vive qu'aucune autre substance inflammable. L'action du feu la réduit ou en cendre, ou en une masse poreuse et spongieuse qui ressemble à des pierres ponces.

Il y a des mines de charbon de terre dans presque toutes les parties de l'Europe ; mais, par un effet particulier de la bonté du Créateur, on trouve plus fréquemment cette substance, qui remplace le bois de chauffage, dans les pays où les bois et les forêts sont rares. En Angleterre, la houille est d'un usage habituel, et fait un objet de commerce considérable pour la Grande-Bretagne.

La France possède aussi une grande quantité de mines de *charbon* de la meilleure qualité. Le sentiment des *naturalistes* est partagé sur le principe et la formation de ce *charbon minéral.* La plus vraisemblable de ces opinions, c'est de penser que, par des révolutions arrivées à notre globe, des forêts entières de bois résineux ont été ensevelies dans le sein de la terre, où, après plusieurs siècles, le bois, après avoir subi une décomposition, s'est changé en un limon ou en une matière terreuse qui a été pénétrée par la substance résineuse que le bois contenait lui-même avant sa décomposition, et a été *minéralisé* ensuite. Ce qui fortifie cette opinion, c'est que les couches de charbon de terre sont ordinairement couvertes de grès, de pierres calcaires, d'argile et de pierres semblables à l'ardoise, sur lesquelles on trouve des empreintes de plantes des forêts, surtout de fougères et de capillaires.

Lorsqu'on a découvert une mine de charbon de terre, on perce deux *puits* ou *bures* qui traversent les couches supérieures et inférieures de la veine de charbon. L'un de ces puits sert à placer une pompe pour épuiser l'eau, l'autre pour tirer le charbon. Ces bures servent aussi à donner de l'air aux ouvriers, et à fournir une issue aux vapeurs dangereuses qui infectent ordinairement ces sortes de mines.

Les mines de charbon de terre s'embrasent quelquefois d'elles-mêmes, au point qu'il est très difficile de les éteindre : c'est ce qu'on peut voir en Angleterre, où il y a des mines qui brûlent depuis nombre d'années.

Le charbon de terre est d'une très grande utilité dans différents usages de la vie. Non-seulement on s'en sert en guise de bois de chauffage, et pour cuire les aliments, mais on l'emploie aussi dans plusieurs métiers. Tous ceux qui travaillent le fer le préfèrent à cause de la vivacité et de la durée de sa chaleur.

Il y a encore une autre sorte de charbon que l'on appelle *végétal* et *fossile :* il est curieux par le lieu ou on le trouve. Près de la ville d'Atfort en Franconie, on trouve une montagne couverte de pins et de sapins. On voit une ouverture profonde qui forme une espèce d'abîme que l'on a nommé *Temple du diable*. On a trouvé dans ce lieu de grands morceaux de charbon semblables à du bois d'ébène, épars çà et là dans une espèce de grès fort dur. En continuant la fouille, on en trouva de semblables épars dans l'espace d'une demi-lieue. Ces charbons étaient pesants, compacts; on a essayé avec succès de s'en servir pour forger du fer; il s'en est trouvé quelques morceaux qui n'étaient pas entièrement réduits en charbon; l'autre moitié n'était que du bois pourri. On peut en conclure avec assez de vraisemblance que des forêts entières ayant été renversées et enfouies par suite de tremblements de terre et des éruptions de feux souterrains, une portion de ces forêts aura été réduite en charbon par l'effet de ces mêmes feux.

— Mais, mon papa, dit Auguste, c'est peut être au temps du déluge que tous ces bouleversements sont arrivés, quoique j'aie bien de la peine à comprendre la possibilité d'un tel événement. — Ce mot *déluge* signifie la plus grande inondation qui ait jamais couvert la terre, celle qui a dérangé l'harmonie et la structure de l'ancien monde, et qui, par une cause extraordinaire des plus violentes, a produit les effets les plus terribles, en bouleversant la terre, soulevant ou applanissant les montagnes, dispersant les habitants des mers couche par couche sur la terre; celle enfin qui a semé jusque dans les entrailles de la terre les monuments étranges que nous y trouvons, et qui doit être la plus grande, la plus ancienne et la plus universelle catastrophe dont il soit fait mention dans l'histoire. On ne peut contester l'existence de cet événement, car la chronologie de tous les peuples civilisés en fait mention. Seulement entre les différents peuples il règne quelques contradictions, puisque les uns soutiennent qu'il y a eu deux déluges, d'autres trois, quelques-uns quatre, et même un cinquième. Mais tous les écrivains profanes racontent les mêmes circonstances que *Moïse*. Ainsi l'on peut s'en tenir à sa tradition, puisqu'elle paraît confirmée par les autres traditions.

Mais j'ai encore à vous parler d'un *fossile* singulier fait pour exciter la curiosité : c'est l'*amiante*, qui ne se calcine point par l'action du feu ordinaire.

La propriété de cette singulière substance est d'être composée de filets soyeux, si flexibles, et qui peuvent devenir si souples par l'art, qu'il est possible d'en faire un tissu brillant et presque semblable à celui qu'on fait avec les fils de chanvre, de lin ou de soie. On file l'amiante, on en fait une toile que l'on jette au feu sans avoir la crainte qu'elle se consume. Ce qui paraît le plus extraordinaire, c'est que l'on blanchit cette toile par le feu. De sale et crasseuse qu'elle était, elle en sort pure et nette. Le feu consume les matières étrangères et combustibles dont elle est chargée, sans pouvoir l'altérer. Cependant toutes les fois qu'on la retire du feu elle perd un peu de son poids. L'histoire moderne nous apprend que *Charles-Quint* avait plusieurs serviettes de ce *lin* minéral avec lesquelles il divertissait les princes et les seigneurs de sa cour, lorsqu'il les régalait. Il jetait au feu ces serviettes incombustibles et sales, et on les en retirait propres et entières. Il vient de l'amiante dans beaucoup d'endroits, mais particulièrement dans l'île de Corse, où l'on en trouve dont les filets ont quelquefois jusqu'à six pouces de longueur. Ce sont les plus blancs, les plus brillants et les plus rares. On pourrait en faire assez facilement de la très belle toile. On en fait aussi des mèches de lampe perpétuelles, et les païens s'en servaient dans leurs lampes sépulcrales.

— J'avoue, dit Gustave, que je ne me doutais guère de tout le plaisir qu'on pouvait trouver à entendre parler d'histoire naturelle, et je sens un vif désir de m'instruire à fond sur tous ces objets si curieux dont mon papa veut bien nous entretenir. — Tel est, mon ami, l'attrait que les savants éprouvent à s'enrichir de toutes les connaissances que les sciences procurent. Mais après avoir admiré une partie des dons que le Créateur nous a accordés, je crois que ceux qui exciteront le plus vivement votre reconnaissance seront ceux qui nous procurent des jouissances si multipliées, des sensations si vives; en un mot, les *sens*. Ce sera le sujet de notre premier entretien; car je vois avec plaisir que, loin d'être ennuyés, comme je le craignais, du genre un peu sérieux de nos conversations, vous êtes les premiers à les provoquer. Remarquez que, depuis que nous avons entrepris cette étude, combien de plaisirs nouveaux se sont créés pour vous. Ce qui vous était auparavant complétement indifférent, vous offre chaque jour un nouveau degré d'intérêt; pas une fleur, pas un brin d'herbe, qui ne soit pour vous un objet d'admiration; et j'ai remarqué hier que Victor était en sentinelle auprès d'une fourmilière : je suppose qu'il examinait, avec une curiosité qui me paraissait bien attentive, les travaux de ce petit insecte. — Oui, mon papa; j'avais mis le matin une belle grenouille dans cette fourmilière, et j'écoutais ce que les fourmis en pouvaient faire. — Et qu'as-tu entendu? — Qu'elles croquaient ma grenouille à qui mieux mieux. Lorsque j'ai pensé qu'elles avaient fini leur dissection, j'ai retiré le squelette, qui est bien blanc et parfaitement nettoyé. — Je n'ose t'accuser de barbarie, puisque c'est moi qui t'ai indiqué les talents anatomiques des fourmis. Mais évitons la pluie qui commence à tomber, en rentrant promptement à la maison.

CHAPITRE VIII.

Ce fut sur une colline, et par le plus beau temps du monde, que M. de Lormeuil amena ses enfants jouir de l'entretien qu'il leur avait promis. Le soleil était si beau, la vapeur qui parfumait tous les environs si embaumée, le murmure d'un ruisseau limpide qui serpentait à travers un gazon émaillé de fleurs si attrayant, que malgré soi on éprouvait un attrait invincible pour la méditation; et par l'instinct de la reconnaissance on se sentait porté à élever sa pensée jusqu'à l'auteur de tant de merveilles, et qui ne semblait dérober sa présence aux mortels que pour ne pas les éblouir par un éclat qu'ils n'auraient pu supporter, et n'avoir établi entre lui et eux qu'une brillante tenture d'or, de pourpre et d'azur.

Après avoir contemplé pendant quelque temps en silence ce spectacle radieux, M. de Lormeuil ramena l'attention de ses enfants sur le sujet dont il s'était proposé de les entretenir.

La connaissance du corps humain, leur dit-il, et de ses différentes fonctions, est la plus intéressante de toutes celles qui fixent l'attention du philosophe éclairé, et de l'homme religieux qui ne peut s'empêcher de reconnaître le Dieu qui a organisé d'une manière si admirable l'être à qui il voulait donner des rapports plus directs avec sa divinité. Sans m'appesantir sur des détails qui sont également précieux pour l'observateur éclairé, mais qui pourraient fatiguer votre intelligence, je vous ferai remarquer seulement que notre organisation est le chef-d'œuvre de sa bonté et de sa sagesse. Le vulgaire ne voit au dehors qu'une décoration simple et magnifique qui réunit l'élégance des contours à l'harmonie des proportions. Le philosophe admire au dedans les ressorts surprenants d'une mécanique vivante, animée par une intelligence secrète qui l'élève bien au-dessus de toutes les créatures qui n'ont que la *matière* pour base, puisque, au moyen de cette intelligence, l'homme *pense*, *raisonne*, *conçoit*, communique ses pensées; qu'en un mot, il a une âme, et que cette âme est pour lui la source de toutes ses félicités actuelles, et de toutes ses espérances futures.

Mais ce principe qui distingue l'homme de la brute, l'élève jusqu'à son Créateur, et devient le mobile de tous les sentiments qui en émanent, échapperait à la faiblesse de votre intelligence, si j'entreprenais de vous le définir actuellement; je ne vous en parle donc, mes enfants, que pour vous faire sentir toute l'étendue de la reconnaissance que l'on doit au bienfaiteur qui nous a enrichis d'un tel trésor; et je ne vous parlerai en détail que des *sens*, par le moyen desquels l'homme peut communiquer avec tout ce qui existe dans l'univers.

Les *sens* sont des machines particulières de la nature, disposées dans toutes les parties de l'économie animale, pour procurer à notre *âme* les diverses sensations qui nous sont nécessaires pour notre *être* et notre *bien-être*; les *sens* nous avertissent de nos besoins, et veillent à notre conservation, au milieu des corps utiles ou nusibles qui nous environnent; c'est par eux que nous jouissons du monde où nous sommes placés; ce sont ces organes qui établissent la communication qui est entre nous et presque tous les êtres de la nature; ils sont au nombre de cinq : la *vue*, l'*ouïe*, l'*odorat*, le *goût* et le *toucher*.

C'est à ces principes de nos connaissances et de nos raisonnements que nous devons notre principal mérite; et ce mérite est proportionné à leur nombre et à leur perfection. Un plus grand nombre de sens, ou des sens plus parfaits, nous eussent montré d'autres *êtres* qui nous sont inconnus, et d'autres modifications dans ceux mêmes que nous connaissons.

Le *toucher* est la sensation la plus générale; on peut même ajouter qu'elle préside à toutes les autres sensations; car nous pourrions bien ne *voir* et n'*entendre* que par une petite partie de notre corps; mais il nous fallait du *sentiment* dans toutes les parties : sans cela, nous n'aurions été que des *automates* que l'on aurait montés et détruits sans que nous eussions pu nous en apercevoir. La Providence y a pourvu : partout où il y a des *nerfs* et de la *vie*, il y a aussi de cette espèce de *sentiment*. Le *toucher* est comme la base de toutes les autres sensations, car elles ne sont toutes véritablement que des espèces de *toucher*; c'est par lui seul que nous pouvons acquérir des connaissances complètes et réelles, puisque c'est lui qui rectifie tous les autres sens, dont les effets ne seraient que des illusions, si celui-ci ne nous apprenait à *juger*.

Cette sensation peut devenir si parfaite dans l'homme, qu'on l'a vu quelquefois remplacer la fonction de la *vue;* et il n'est pas rare de voir des aveugles distinguer, par la finesse du *toucher*, la couleur et les figures des cartes avec lesquelles ils jouaient. Un sculpteur devenu aveugle avait acquis une telle finesse de *tact*, qu'il lui suffisait de toucher une figure pour en faire une copie parfaitement ressemblante. Le *goût* n'est qu'une espèce de *toucher*, et n'a pas pour objet les corps solides, mais seulement les sucs ou les liqueurs dont ces corps sont imprégnés, ou qui en ont été extraits; ce sens si précieux, qui ajoute un *plaisir* à la satisfaction d'un *besoin*, réside dans la bouche, et la langue est son principal organe, qui nous fait distinguer la *saveur;* il paraît que la *faim*, la *soif* et la *saveur* sont trois effets du même organe, pour qui la nature a varié ses richesses à l'infini, en lui prodiguant tout ce qui peut le flatter par les plus délicieuses productions.

L'*odorat* paraît moins un sens particulier qu'une promulgation du *goût*, avec lequel il a des rapports continuels. C'est sur la membrane qui tapisse les cavités du *nez* que se fait la sensation des odeurs ; aussi les animaux ont l'odorat plus parfait, à raison de ce qu'ils ont les cornets du nez plus grands. Mais il y a une telle concordance entre le *goût* et l'*odorat*, que le plaisir que l'on trouve à satisfaire son appétit est d'autant plus grand que les mets qu'on mange ont une odeur savoureuse.

Un garçon que ses parents avaient élevé dans une forêt, où il s'étaient retirés pour éviter les horreurs de la guerre, et qui n'y vivait que de rapines, avait l'*odorat* si fin qu'il distinguait au moyen de ce sens l'approche des ennemis, et en avertissait ses parents.

La nature dévoile à tout le monde le secret d'ouvrir la bouche et de retenir son haleine pour mieux entendre ; mais ce serait en vain que l'air remué par les corps sonores et bruyants nous frapperait de toutes parts, si la structure de l'*oreille*, où réside le sens de l'*ouïe*, ne la rendait pas propre à recevoir ces sensations. L'*ouïe* est une faculté qui devient active par l'organe de la parole; c'est par ce sens que nous vivons en sûreté, que nous pouvons nous communiquer nos idées, et que nous connaissons la pensée des autres. Quelle organisation merveilleuse dans ce sens ! quelle admirable harmonie dans les moindres rapports de la construction de l'*oreille* qui en est le canal ! On ne peut bien juger tout le plaisir qu'il nous procure que quand on en est privé, ce qui arrive aux vieillards ; et l'on a remarqué qu'en général les *sourds* étaient plus tristes que les *aveugles*, parce que la *surdité* inspire un sentiment de défiance, en persuadant que tout ce qui se dit, et qu'on n'entend pas, est aux dépens de la personne qui est sourde.

C'est à ce *sens* que l'on doit le plaisir d'entendre l'expression des sentiments les plus touchants, d'apprécier les pensées ingénieuses, les saillies fines, qui font le sel de la conversation ; privés de cette ressource, les *sourds* regardent tristement, sans comprendre tout ce qui se dit autour d'eux.

Le mécanisme de la *vue* n'est pas moins admirable que celui de l'*ouïe*. L'*œil*, qui en est l'organe, se compose d'une multitude de parties, toutes combinées de la manière la plus ingénieuse. Cette partie, qui donne tant d'expression à la physionomie, parce qu'elle réfléchit comme dans un miroir tout ce qui se passe dans l'âme, est un prodige de combinaisons, dont les moindres ressorts sont faits pour étonner. C'est dans sa *dissection* où l'on peut voir que les *parties* concourent au but essentiel du *tout*. Mais que de reconnaissance ne devons-nous pas à la *vue!* sans ce sens précieux, toutes les merveilles du ciel et de la terre, qui viennent, pour ainsi dire, nous toucher nous-mêmes, n'existeraient pas pour nous; sans l'organe de l'*œil* nous ne connaîtrions l'approche des corps que quand nous serions frappés ou terrassés par eux sans lui; nous ne pourrions établir ces rapports qui intéressent si fort le cœur, entre les traits et les sentiments des personnes que nous aimons. La *vue* est, pour ainsi dire, une seconde existence, puisqu'elle nous fait jouir de tout ce que nous pouvons admirer, de tout ce qui nous paraît aimable. Un Anglais, à qui la nature avait refusé cette faculté précieuse, l'ayant recouvrée par le secours des *oculistes*, en fut si vivement ému que, lorsqu'il aperçut l'éclat des rayons du soleil, et qu'il jouit de l'aspect des objets qui l'environnaient, ce spectacle, si nouveau pour lui et si inopiné, lui causa un tel excès de joie qu'il le fit tomber dans un évanouissement complet. En effet, quelle merveille étonnante que, sur un espace de sept lignes d'étendue, tel que l'œil, il puisse se réfléchir avec fidélité un espace de sept lieues, lorsque, monté sur une montagne, on regarde, dans un beau jour d'été, un grand horizon! Cependant les villes, les vastes plaines, les forêts, tout s'y peint distinctement. Que de lois merveilleuses réunies se combinent ensemble, tendent toutes au même but! Si une seule de ces lois venait à être interrompue, tous les êtres animés retomberaient dans les ténèbres éternelles; tout dans la nature porte l'empreinte de la main divine qui a tout créé

Mon papa, dit Gustave, pourquoi y a-t-il quatre sens dans la tête? — Remarque, mon ami, que tout est approprié à leur destination. et que, comme c'est le cerveau que l'on regarde comme le siége de la pensée, tous les moyens de *sensations* qui souvent nous font naître des idées devaient être rapprochés du cerveau; il n'y a que le *toucher* qui, résidant dans le tissu de la peau, qui se compose d'une multitude de petits nerfs, ou les recouvre, existe dans toutes les parties du corps.

A mon tour, dit Victor d'un petit air satisfait. Vous nous avez dit, mon papa, de bien belles choses; mais il y en a beaucoup que vous avez passées sous silence. — Je n'en disconviens pas; mais pourrais-tu, mon cher petit docteur, me remettre sur la voie de ce que j'ai oublié? — Par exemple, mon papa, vous ne nous avez parlé ni des *nains* ni des *géants*. — C'est que les hommes qui dépassent ou qui n'atteignent pas les lois ordinaires de la nature ne peuvent former que des *exceptions*, et non une classe d'individus. — Cependant il y a eu des géants? — Dans tous les temps on a fait des contes pour exciter la curiosité, parce que tout ce qui est merveilleux a toujours de grands droits à la crédulité; mais le prétendu peuple de *géants* sur lequel on a débité tant de fables n'existe que dans l'imagination des amateurs du merveilleux. Les *Patagons*, qui sont les hommes reconnus pour les plus grands qui existent, n'excèdent pas six pieds et demi; et sans aller si loin chercher des modèles à citer, il suffit d'assister à une revue du roi de Prusse pour rencontrer parmi ses gardes des hommes de cette taille. Quant aux *nains*, c'est, comme je vous le disais, une *exception* dans les lois habituelles de la nature. Si les *Patagons* peuvent passer pour les habitants du globe qui ont la taille la plus élevée, les *Lapons* peuvent passer pour les plus petits, puisque rarement ils atteignent cinq pieds. Mais il se rencontre souvent dans les pays d'Europe de pareilles exceptions, sans qu'on puisse les traiter de prodiges; les *nains* véritables sont ceux qui restent toute leur vie de la taille d'un enfant de quatre ou cinq ans : la preuve qu'ils sont très rares, c'est qu'on en alimente la curiosité publique.

Il y a encore quelque chose dont vous ne nous avez rien dit, mon papa. Ce sont ces énormes poissons qu'on appelle *baleines*. — Je te remercie de me rappeler ainsi des omissions importantes ; et puisque ta mémoire est plus exacte que la mienne, je vais vous parler, mes enfants, de cet habitant monstrueux des mers.

On pourrait appeler la *baleine* un *faux poisson*, puisqu'elle se distingue d'une manière très marquée de tous les vrais poissons de mer ; elle n'en porte en effet que la figure quant au dehors ; par sa structure intérieure elle ressemble aux animaux quadrupèdes. Les *baleines* respirent au moyen des *poumons*, et c'est pour cette raison qu'elles ne peuvent rester sous l'eau ; elles sont *vivipares*, ont du lait, et leurs petits les tettent. Tous les animaux du genre des baleines ont sur la tête une ou deux ouvertures par où ils rejettent, en forme de jet, l'eau qu'ils ont avalée.

La nature les a pourvues de nageoires d'une force proportionnée à leur masse : au lieu d'être comme celles des autres poissons, les baleines ont, à leur place, des os articulés, figurés comme ceux de la main et des doigts de l'homme, et qui sont mis en mouvement par des muscles vigoureux. Tout le genre de ces animaux de mer a, en outre de ces vigoureuses nageoires, une queue large et épaisse qui lui a été donnée pour diriger sa course et modérer ses mouvements, afin que l'énorme masse de son corps ne se brisât pas contre les rochers lorsqu'elle veut plonger. La nature a construit ces masses organisées de manière qu'elles peuvent s'élever à la surface des eaux ou s'enfoncer dans leur profondeur à volonté. Du fond de leur gueule part un gros intestin fort épais, si long et si large qu'un homme y passerait tout entier. Cet intestin est un grand magasin d'air que ce *cétacé* porte avec lui, et par le moyen duquel il se rend à son gré plus léger ou plus pesant, suivant qu'il l'ouvre ou qu'il le comprime pour augmenter ou diminuer la quantité d'air qu'il contient.

Qu'est-ce qu'un cétacé ? demanda Victor. — On appelle ainsi les animaux d'une grandeur démesurée, mais surtout les animaux de mer qui font leurs petits vivants. Ils nagent en haute mer et lentement ; ils n'en sortent jamais d'eux-mêmes et sans risque de leur vie. Les *cétacés* ont le corps nu, allongé, des nageoires charnues ; ces animaux vivent très longtemps, et leur existence est plus prolongée que celle des *quadrupèdes ;* on a des raisons de croire que plusieurs espèces vivent au-delà de cent ans. Mais revenons à nos baleines.

La couche énorme de graisse qui les enveloppe allége beaucoup la masse de leur corps, qui aurait été trop pesante pour être mise en mouvement. D'ailleurs cette enveloppe de graisse tient l'eau à une distance convenable du sang, qui sans cela pourrait se refroidir. Quelques espèces de baleines ont des dents, d'autres n'en ont point; on ne peut rien dire de bien certain sur leur grandeur; on en a vu qui avaient jusqu'à deux cents pieds de longueur : aussi les a-t-on comparées à des *écueils* ou a des îles flottantes.

On assure que les premières baleines pêchées dans le Nord étaient beaucoup plus grandes que celles qu'on y pêche à présent, parce qu'elles étaient plus vieilles.

De toutes les pêches qui se font dans l'Océan, celle de la baleine est sans contredit la plus avantageuse, mais elle est aussi la plus difficile et la plus périlleuse; comme c'est toujours dans les mers du Nord, et souvent sous les glaces qu'elle se tient, il faut braver bien des dangers avant de l'atteindre.

C'est dans le détroit de *Davis* que la vraie baleine se trouve en abondance dans les mois de février et de mars. Toutes les nations ayant reconnu les avantages de cette pêche, envoient des expéditions maritimes pour l'entreprendre, qui emploient un grand nombre de matelots. Voici comment se fait la pêche de ce monstrueux *cétacé*.

Lorsqu'un bâtiment est arrivé dans le lieu où se fait le passage des baleines, un matelot placé au haut d'un mât avertit aussitôt qu'il voit une baleine : les chaloupes partent à l'instant. Le plus hardi et le plus vigoureux pêcheur, armé d'un harpon de cinq ou six pieds de long, se place sur le devant de la chaloupe, et lance avec adresse le harpon sur l'endroit le plus sensible de l'animal; le *harponneur* court de grands risques; car la baleine, après avoir été blessée, donne de furieux coups de queue et de nageoires qui tuent souvent le harponneur et renversent la chaloupe.

Lorsque le harpon a bien pris, on file bien vite la corde a laquelle il tient, et la chaloupe suit. Lorsque la baleine revient sur l'eau pour respirer, on tâche d'achever de la tuer, en évitant avec grand soin sa queue et ses nageoires. Le bâtiment, toujours à la voile, suit de près, afin d'être à même de mettre à bord la baleine harponnée; lorsqu'elle est morte, on l'attache aux côtés du bâtiment avec des chaînes de fer; aussitôt les charpentiers se mettent dessus avec des bottes armées de crampons de fer aux semelles, dans la crainte de glisser; ils enlèvent le lard de la baleine suspendue, et on le porte à l'instant dans le navire, où on le fait fondre. Une baleine donne un plus grand nombre de barriques d'huile, à raison de sa grandeur et de son embonpoint. Lorsqu'on a tourné et retourné l'animal pour en enlever la graisse, on retire les *barbes* ou *fanons* qui sont cachés dans la gueule. L'*huile* et les *fanons* sont les grands produits que l'on retire de la baleine. La première sert à brûler dans les lampes, à faire le savon du nord, à la préparation des laines de drapier, aux corroyeurs pour adoucir les cuirs, aux peintres pour délayer les couleurs, aux marins pour graisser le *bras* qui sert à enduire les vaisseaux, aux architectes et aux sculpteurs pour faire une espèce de mastic qui garantit la pierre des impressions de l'air et des injures du temps. Les *fanons* sont la matière avec laquelle on travaille une infinité de choses, telles que les *parapluies*, les *buscs*, les *corsets*, et mille autres ouvrages.

La chair de la baleine est très difficile à digérer; cependant elle sert d'aliment aux estomacs robustes des habitants des contrées qu'elle fréquente.

Les mers du Nord ne sont pas les seules où l'on trouve des baleines; on en voit aussi dans la mer des Indes, au cap de Bonne-Espérance; et c'est ici le cas de remarquer avec étonnement quelle est l'intelligence de l'homme *sauvage*, privé de toutes les ressources que l'industrie de l'homme *civilisé* a imaginées, et borné aux seules forces de la nature.

Lorsque les sauvages d'Amérique aperçoivent une baleine, ils se jettent à la nage, vont droit à elle, ont l'adresse de se jeter sur son cou, en évitant ses nageoires et sa queue. Lorsque la baleine a lancé son premier jet d'eau, le sauvage prévient le second en mettant un tampon de bois dans un des naseaux de la baleine; il l'enfonce à coups de massue; l'animal plonge aussitôt, et entraîne le sauvage qui le tient fortement embrassé; la baleine, qui a besoin de respirer, remonte sur l'eau, et donne le temps à son adversaire de lui enfoncer un second tampon dans l'autre naseau; ce qui l'oblige à se replonger dans le fond de la mer, où elle s'étouffe, faute de pouvoir évacuer ses eaux et respirer.

Pour vous faire connaître les deux extrêmes des habitants des eaux, après vous avoir parlé de la monstrueuse baleine, je vais vous dire deux mots de l'*ablette*, qui, je crois, est le plus petit des poissons, car il n'est pas plus grand que le doigt, et se trouve dans les rivières. Ses écailles sont d'une blancheur vive et argentine; l'industrie a trouvé moyen de tirer parti de ces écailles en les faisant concourir à la parure des dames, sous la forme de *perles* très bien imitées.

En comparant toutes les espèces de poissons qui forment des degrés, depuis l'*ablette* jusqu'à la baleine, vous devez concevoir, mes enfants, quel nombre d'espèces il existe dans les mers et les rivières! Il en est de même pour les quadrupèdes; car depuis la fourmi jusqu'à l'éléphant l'échelle est immense.

Papa, dit Victor, est-ce que parmi les oiseaux, les mêmes nuances n'existent pas? — L'*aigle*, mon ami, est le plus grand des oiseaux; on lui accorde même le titre de *roi des oiseaux*. Il possède à un degré éminent les qualités qui lui sont communes avec les autres oiseaux de proie, comme la vue perçante, la voracité, la férocité, la force du bec et des serres. Il y a plusieurs espèces d'aigles; mais le plus remarquable est celui qu'on appelle *aigle doré*. La femelle a trois pieds et demi de longueur, depuis le bout du bec jusqu'à l'extrémité des pieds; et lorsque ses ailes sont étendues, elle a jusqu'à dix-huit pieds d'*envergure;* elle pèse jusqu'à dix-huit livres; le mâle est plus petit, et ne pèse que douze livres; tous deux ont le bec très fort, recourbé dans toute sa longueur, mais plus crochu à l'extrémité, et assez semblable à de la corne bleuâtre; ses ongles noirs et pointus, dont le plus grand, qui est celui de derrière, a jusqu'à cinq pouces de longueur; ses yeux sont très grands, mais paraissent enfoncés dans une cavité profonde que la partie supérieure de l'orbite couvre comme un toit avancé. La nature, outre les deux paupières, l'a doué, ainsi que plusieurs autres oiseaux, d'une tunique clignotante qui a l'effet de deux autres paupières. L'*iris* de l'œil est d'un beau jaune clair, et brille d'un éclat très vif; son bec et ses ongles crochus le rendent formidable. Sa figure répond à son naturel: indépendamment de ses armes, il a un corps robuste et compact, les jambes et les ailes très fortes, les os fermes, la chair dure, les plumes rudes, l'attitude fière et droite, les mouvements brusques, le vol très rapide. Ce grand aigle a beaucoup de rapport avec le caractère du *lion:* comme lui, il semble avoir acquis l'empire sur les oiseaux, comme le *lion* l'a sur les *quadrupèdes;* il a la magnanimité en partage, et dédaigne également les petits animaux dont il méprise les insultes; ce n'est qu'après avoir été longtemps provoqué par les cris importuns et souvent réitérés de la *pie* et de la *corneille*, que l'aigle se détermine à en faire sa proie; d'ailleurs il ne veut d'autre bien que celui dont il fait la conquête, il ne mange jamais d'autre proie que celle qu'il prend lui-même; il donne l'exemple de la tempérance, et ne mange presque jamais son gibier en entier, et, comme le lion, il laisse les débris aux autres animaux. Quelque affamé qu'il soit, il ne se jette jamais sur les cadavres ou les charognes; il lui faut de la chair fraîche. Il est encore solitaire comme le *lion*, habitant d'un désert dont il défend l'entrée et l'usage de la chasse à tous les autres oiseaux; car il est peut-être plus rare de voir deux paires d'aigles dans le même canton ou la même portion de montagne, que deux familles de lions dans la même partie de forêt. Ils se tiennent assez loin les uns des autres pour que l'espace qu'ils se sont départi leur fournisse amplement leur subsistance. Ils ne comptent l'étendue et la valeur de leur royaume que par le produit de la chasse. L'aigle a aussi les yeux étincelants, et à peu près de la même couleur que ceux du lion, les ongles de la même forme, l'haleine tout aussi forte, le cri également effrayant; nés tous deux pour les combats et la proie, ils sont tous deux ennemis de toute société; également féroces, également fiers et difficiles à réduire, on ne peut les apprivoiser qu'en les prenant tout petits.

C'est de tous les oiseaux celui qui s'élève le plus haut; aussi les anciens l'ont-ils appelé l'*oiseau céleste*, et le regardaient dans les augures comme le messager de *Jupiter*. C'était un aigle qui servait d'enseigne aux légions romaines.

Pour suivre la même comparaison que nous avons faite entre les autres animaux, nous allons dire quelques mots du plus petit des oiseaux, le *colibri*. Il est le chef-d'œuvre en miniature de la création, tant pour sa beauté, sa forme et la variété de ses couleurs, que pour sa manière de vivre et la petitesse de sa taille. On le trouve fort communément dans plusieurs contrées d'Amérique, ainsi qu'aux Indes orientales. Il s'en trouve de si petits qu'on leur donne le nom d'*oiseaux-mouches*. Il y a des espèces de *colibri* qui réunissent sur leur plumage toutes les couleurs des pierres précieuses. Ces oiseaux, même desséchés, font un ornement si brillant que les femmes du pays les suspendent à leurs oreilles de la même façon que les dames d'Europe placent les diamants; leurs plumes sont si belles qu'on les emploie à faire des tapisseries et même des tableaux.

Parmi les oiseaux-mouches, on distingue l'espèce à gorge de topaze, celui à gorge tachetée, à ventre blanc, à poitrine bleue, à gorge de rubis; l'espèce dont la huppe est composée de très belles plumes disposées en couronne offre un oiseau charmant.

Le bec de cet oiseau n'est guère plus gros qu'une aiguille, et cependant il le rend redoutable à de gros oiseaux nommés *gros-becs*, qui cherchent à surprendre dans leur nid les petits du *colibri.* Les yeux de l'*oiseau-mouche* sont petits et noirs. Cet oiseau vole avec tant de rapidité qu'on l'entend plutôt qu'on ne le voit. Il se soutient longtemps en l'air en bourdonnant, et paraît y rester immobile. Il ne se nourrit que du suc des fleurs; rarement il s'y repose; il voltige autour comme le papillon, et suce le suc du nectar avec sa langue longue, fine et déliée, qui ressemble à deux brins de soie rouge.

Quand ils volent, ce sont comme autant d'arcs-en-ciel mouvants, nuancés des plus riches couleurs. Ces oiseaux font de petits nids d'une forme élégante, qu'ils garnissent de coton ou de soie très douce, avec une propreté et une délicatesse merveilleuses. Le colibri aime de préférence le voisinage des citronniers; c'est sur leurs branches qu'il place son petit nid avec une adresse singulière.

Oh Dieu! s'écria Auguste, que de merveilles en grandes et petites choses! — Vous voyez, mes enfants, qu'il faudrait être bien ingrat et bien insensé pour méconnaître la main divine qui a créé tant de prodiges. — Sans doute, puisque tout ce que peuvent faire les hommes de plus parfait, c'est d'approcher des chefs-d'œuvre de la nature. Nous venons de parcourir une faible partie des productions qui enrichissent la terre ; mais que de merveilles ne nous reste-t-il pas à admirer dans le ciel ! — Mais, mon papa, qu'est-ce donc que l'on nomme véritablement le *ciel ?* — C'est cette région immense dans laquelle les *astres*, les *étoiles*, les *planètes*, se meuvent avec cette harmonie, cet ordre admirable qui leur est imprimé par une main divine.

On divise ce monde céleste en *ciel* proprement dit, qui contient le *firmament*, où sont les étoiles ; et en *cieux*, les *planètes* qui sont au-dessous des *étoiles*.

Les *astres*, ces corps lumineux par eux-mêmes, comme le soleil et les étoiles fixes, enrichissent la voûte céleste. L'étude qui vous en apprendra la marche sera pour vous d'un grand intérêt, mes enfants, lorsque votre intelligence sera assez développée pour la comprendre ; au moyen d'une *sphère céleste*, vous pourrez classer dans votre mémoire leurs noms, leur position et leur cours. L'astronomie a tiré un grand parti de la position des étoiles pour guider les marins dans leur navigation. Il semble qu'en admirant les corps célestes, on se rapproche davantage de la Divinité. Le soleil surtout, cet astre magnifique, est tellement empreint de la puissance divine, que dans beaucoup de contrées les hommes l'ont pris pour la Divinité même, et lui ont adressé leurs adorations. Quoi de plus admirable en effet que ce globe lumineux qui éclaire la terre, et dont les rayons sont trop éclatants pour que l'œil puisse les fixer! Quoi de plus doux et de plus mélancolique, et qui inspire un sentiment paisible et en même temps religieux, que la clarté de la lune! quoi de plus surprenant que la régularité de son cours! l'influence directe qu'elle a sur les plantes, sur les animaux, et sur l'organisation de l'homme! Quelle merveille sans cesse renaissante dans cette alternative continuelle de jours et de nuits! quel ordre établi dans le renouvellement des saisons, et dans l'œuvre immense de la création! A force d'avoir des sujets d'*admirer*, on a peine à comcomprendre; cependant un sentiment intime nous dit que ce que le Créateur a voulu dérober à notre connaissance n'en mérite pas moins notre tribut d'hommages. Après des études approfondies, les hommes ont établi des systèmes sur toutes les choses que leurs connaissances ne pouvaient pas atteindre; et la preuve que ce qui paraît prouvé actuellement est peut-être encore bien douteux, c'est que les systèmes qui paraissaient les mieux établis il y a cinq ou six cents ans se sont écroulés devant des découvertes plus modernes; et peut-être que celles sur lesquel-

13..

les sont basées les opinions actuelles s'écrouleront à leur tour sous le poids des connaissances que l'on pourra acquérir. Mais il n'en est pas moins intéressant de poursuivre avec courage et constance la découverte de la vérité, puisque les sciences doivent en retirer nécessairement un avantage bien grand.

— Ah! dit Gustave, il me semble que, depuis que mon papa nous a expliqué toutes ces belles choses, j'aime mieux le bon Dieu.

— C'est assez naturel, mon ami; car plus on connaît l'étendue d'un bienfait, plus on doit aimer le bienfaiteur; et à cette occasion, je vais vous raconter une petite histoire qui vous prouvera que le sentiment que vous éprouvez est bien fondé en raison.

— Bon, voici une histoire! dit Victor en sautant de joie; j'en suis bien charmé; car malgré que tout ce que nous a dit mon papa soit bien beau, je commençais à me perdre dans les nuages, et une histoire me ramènera aux choses de la terre; aussi je suis tout attention.

Il y avait à Paris deux jeunes gens, nommés Thibaut et Eugène, qui étaient amis depuis l'enfance; leurs parents étaient très liés, et se voyaient si souvent qu'ils ne faisaient pour ainsi dire qu'une même famille. Ces parents, qui, sous beaucoup de rapports, soignaient l'éducation de leurs enfants, la négligeaient sur un point bien essentiel : ils étaient absolument ignorants sur les devoirs de la religion et la reconnaissance qu'ils devaient à Dieu ; de sorte qu'à douze ans (car ils étaient du même âge), à peine savaient-ils que ce grand univers était l'ouvrage d'un être parfait à qui tous les hommes doivent le tribut de leurs adorations. Ils avaient la même ignorance dans tout ce qui touche aux merveilles de la création ; et ils n'auraient pas su distinguer un champ de *blé* d'un champ de *houblon ;* leurs idées mêmes étaient si rétrécies à cet égard, que Thibaud répondit un jour à quelqu'un qui parlait d'agriculture, que les gens qui séparaient le blé d'avec le seigle et l'avoine avaient bien de la patience d'éplucher toutes ces graines grain à grain ; car il n'avait pas la moindre idée de la manière dont le *froment* se sème et se récolte ; en revanche, il savait assez bien danser la gavotte.

Les deux amis furent ensemble à la campagne ; et comme ils étaient fort raisonnables, et que leurs parents leurs accordaient beaucoup de liberté, dont ils n'abusaient jamais, on leur permit un jour de faire une promenade assez éloignée qu'ils avaient paru désirer vivement. Entraînés par la sérénité du temps et la beauté des paysages qu'ils parcouraient, ils furent si loin qu'ils s'égarèrent, et que le retour leur parut impossible; car plus ils parcouraient de chemin et moins ils rencontraient le véritable. La faim commençait à les gagner, et ils étaient réellement inquiets, lorsqu'ils rencontrèrent un paysan à qui ils demandèrent la route pour retourner chez eux; mais ils en étaient à plus de quatre lieues, et il n'y avait guère d'apparence qu'ils pussent faire autant de chemin, harassés comme ils l'étaient et mourant de faim. Le paysan leur conseilla donc de marcher pendant encore une demi-heure, parce qu'ils trouveraient alors un village dont le curé était très hospitalier, et ils suivirent cet avis.

Ils trouvèrent effectivement un pasteur vénérable dont la physionomie inspirait à la fois le respect et la confiance; et les jeunes gens l'ayant abordé poliment, lui racontèrent l'embarras où ils se trouvaient. Le curé s'empressa de les faire rafraîchir, et leur observa qu'ils auraient pu juger par une opération bien simple de l'heure qu'il était, ainsi que de la hauteur du soleil; qu'avec une paille le moindre paysan savait trouver au moyen de l'ombre l'heure qu'il était. Comme ils parcoururent la maison, que le curé leur fit voir avec beauboup de complaisance, *Eugène* remarqua une volière où plusieurs oiseaux avaient établi leurs nids, dont il admira la construction, ainsi que les soins attentifs avec lesquels la mère donnait à manger à ses petits ; mais le curé ne put s'empêcher de sourire lorsque Thibaut lui demanda pourquoi ces petits oiseaux ne tétaient pas leur mère. Il fallut bien lui expliquer des choses qui lui étaient tout-à-fait étrangères, telles que la différence qui existe entre les *bipèdes* et les *quadrupèdes*, les *vivipares* et les *ovipares*. Le curé possédait dans sa bibliothèque une très belle édition des Œuvres de M. de Buffon avec des gravures, et il amusa beaucoup ses jeunes hôtes en les leur montrant. Comme il était trop tard pour s'en retourner chez eux, le pasteur eut l'attention d'envoyer un exprès à leurs parents pour qu'ils ne fussent pas inquiets; et pour leur faire passer plus agréablement la soirée, il les mena sur un point assez élevé, d'où l'on pouvait contempler à l'aise le magnifique spectacle du soleil couchant. Thibaut convint que rien n'était plus imposant, et s'étonna d'avoir été jusqu'à ce jour sans avoir remarqué une merveille qu'il aurait pu admirer chaque jour. Ce sujet de conversation amena tout naturellement l'entretien sur les phénomènes que présente la nature; et comme le curé crut apercevoir une *aurore boréale*, il leur proposa de l'observer avec lui.

Une *aurore boréale* c'est une espèce de nuée rare, transparente, lumineuse, qui paraît de temps en temps la nuit du côté du nord ; elle a la forme d'une partie de cercle qui offre à la vue des variétés infinies : on en voit sortir d'abord des arcs lumineux, puis des jets et des rayons de lumière. Lorsque ce phénomène est dans sa plus grande magnificence, une espèce de couronne lumineuse se forme vers le *zénith*. Les *auréoles boréales* ne sont, dans nos contrées, que des spectacles qui attirent l'attention de la philosophie et de la curiosité ; mais pour les peuples voisins des pôles elles sont un dédommagement de l'absence du soleil. Lorsque cet astre les a quittés, la terre est horrible dans ces climats ; mais le ciel présente alors un charmant spectacle. Un savant raconte qu'il a vu dans ces pays des nuits qui auraient fait oublier l'éclat du plus beau jour ; des feux de mille couleurs éclairent le ciel : ces lumières prennent différentes formes et ont différents mouvements ; le plus ordinairement elles ressemblent à des drapeaux que l'on ferait voltiger dans l'air ; et par les nuances des couleurs dont elles sont teintes, on les prendrait pour des bandes de ces taffetas que nous appelons flambés ; quelquefois elles tapissent certains endroits du ciel en écarlate, couleur que l'on craint beaucoup dans le pays, comme étant le signe de quelque grand malheur; enfin, quand on voit ces phénomènes, on ne peut s'étonner que ceux qui les regardent avec les yeux de la crédulité y voient des chars enflammés, des armées combattantes, et mille autres prodiges qui ont pu donner aux poètes l'idée de l'Olympe. L'aurore boréale ne paraît que deux ou trois heures après le coucher du soleil; elle se montre plus volontiers du mois de décembre au mois de juillet que dans les autres temps de l'année.

Eugène et Thibaut ne pouvaient se lasser d'admirer ce superbe *météore;* et le curé profita de leur surprise pour leur donner un aperçu des phénomènes célestes dont ils n'avaient pas la moindre notion; et dans l'enthousiasme que lui causait cette magnificence, dont le vulgaire jouit sans l'admirer, il adressa au Créateur une prière si fervente qu'elle dirigea la pensée des jeunes gens tout naturellement à offrir aussi leur hommage à l'ouvrier puissant qui avait créé tant de merveilles.

Penser à *Dieu*, c'est l'*aimer*, car la réflexion ne peut qu'exalter le sentiment de reconnaissance que nous lui devons; aussi les jeunes gens se sentirent vivement émus; et lorsque le curé, entrant avec complaisance dans les détails de tout ce qu'ils ignoraient, ouvrit un univers nouveau à leur intelligence, ils furent saisis d'admiration; et tombant spontanément à genoux, ils rendirent avec ferveur à l'auteur de toutes choses les premières actions de grâces peut-être qu'ils lui eussent jamais adressées avec un sentiment réfléchi. Il y a une telle concordance entre les bienfaits du Créateur et les devoirs que la morale nous impose, qu'il est impossible de ne pas éprouver un sentiment religieux qui nous porte à l'adoration, lorsque nous découvrons l'immensité des trésors dont la puissance divine nous a enrichis.

Le lendemain le curé reprit la conversation de la veille, et sut lui donner un tel degré d'intérêt que Thibaut le supplia de leur permettre de venir souvent le visiter; il y consentit avec sa bonté habituelle, et promit même d'aller dans quelques jours faire une visite aux parents des jeunes gens.

En s'en retournant, les deux amis s'entretinrent du charme que l'on trouve à apprendre ce que l'on ignore. Leur curiosité était vivement excitée, et ils brûlaient du désir de la satisfaire. Malgré l'exprès que le curé avait envoyé, les deux familles étaient dans la plus vive inquiétude; elle fut bientôt dissipée, en voyant les petits voyageurs gais, bien portants, et enchantés de l'heureuse découverte qu'ils avaient faite. Ils montrèrent un si vif désir de s'instruire, que leurs parents ne purent se refuser à leur en procurer les moyens ; et en moins de six mois ils n'eurent plus à rougir d'une ignorance qui leur faisait faire souvent les bévues les plus ridicules. Mais un fruit non moins important qu'ils tirèrent d'une étude qui leur découvrait chaque jour de nouveaux bienfaits de la part du Créateur, fut la conviction intime que celui qui avait tout fait pour les hommes avait bien le droit de tout exiger d'eux. Ils devinrent plus dociles à leurs parents, et plus soumis aux lois religieuses ; et bientôt, en devenant plus instruits, ils devinrent beaucoup plus pieux.

Le curé, qui avait lié une connaissance assez intime avec leurs familles, s'applaudissait chaque jour d'avoir semé d'aussi bons sentiments dans ces jeunes cœurs où ils fructifiaient si bien ; par ses tendres soins et sa complaisance, Eugène et Thibaut purent bientôt compter parmi les enfants les plus appliqués et les plus édifiants ; et lorsque leurs parents s'étonnaient du goût sérieux qu'ils avaient pris pour l'étude, et des progrès qu'ils faisaient dans la piété, tandis que jusqu'alors ils avaient été très indifférents, Thibaut répondait en riant à sa mère : Depuis le jour où nous nous sommes égarés, nous avons ét.

assez heureux pour rencontrer le véritable chemin.

Eh bien! moi, dit Gustave, je pense tout-à-fait comme Thibaut, et je me regarderais comme le plus ingrat des enfants si je n'aimais pas Dieu de tout mon cœur. — Sans doute, ajouta Victor, car je n'aime jamais mieux mon papa que quand il a la bonté de me donner des gravures, ou quelque autre chose qui me fait plaisir; et que sont des gravures ou des friandises, en comparaison de toutes les richesses que le bon Dieu nous a données? Nous devons donc l'aimer de tout notre cœur; c'est entendu cela.

M. de Lormeuil, satisfait de voir avec quelle justesse ses enfants avaient saisi tout ce qu'il leur avait dit, leur promit encore de leur apprendre dans quelque temps toutes les merveilles que l'industrie des hommes avait opérées, mettant ainsi à profit la portion d'intelligence dont ils étaient doués; mais comme ils devaient auparavant se bien pénétrer de tout ce qu'il n'avait fait que leur faire effleurer, l'accomplissement de cette promesse fut ajournée au temps où ils seraient plus en état d'en comprendre les détails.

FIN.

ISLE. — IMP. MARTIAL ARDANT FRÈRES.

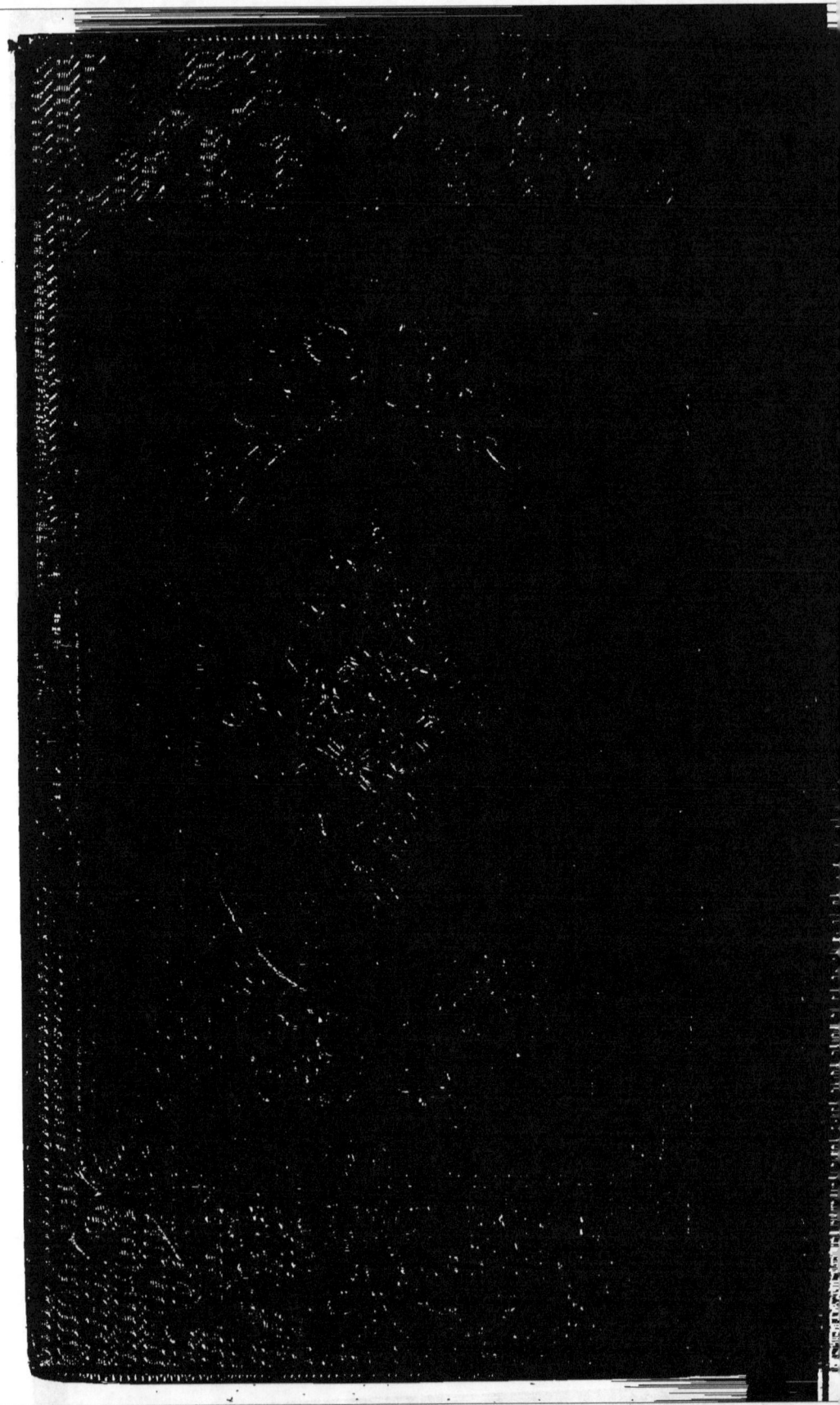

www.ingramcontent.com/pod-product-compliance
Lightning Source LLC
Chambersburg PA
CBHW072300210326
41519CB00057B/2426